# Neuroeconomia, Neuromarketing e Processi Decisionali

Fabio Babiloni • Vittorio Marco Meroni • Ramon Soranzo

# Neuroeconomia, Neuromarketing e Processi Decisionali

Le evidenze di un test di memorizzazione
condotto per la prima volta in Italia

FABIO BABILONI
Professore associato di Fisiologia
Dipartimento di Fisiologia Umana
e Farmacologia
Università degli Studi di Roma
"La Sapienza", Roma

VITTORIO MARCO MERONI
Ingegnere, Direttore Signal srl
Milano

RAMON SORANZO
Consulente di Marketing e Comunicazione

ISBN 978-88-470-0715-4    ISBN 978-88-470-0716-1 (eBook)

Springer-Verlag fa parte di Springer Science+Business Media
springer.com
© 2007 Springer-Verlag Italia

Quest'opera è protetta dalla legge sul diritto d'autore. Tutti i diritti, in particolare quelli relativi alla traduzione, alla ristampa, all'utilizzo di illustrazioni e tabelle, alla citazione orale, alla trasmissione radiofonica o televisiva, alla registrazione su microfilm o in database, o alla riproduzione in qualsiasi altra forma (stampata o elettronica) rimangono riservati anche nel caso di utilizzo parziale. La riproduzione di quest'opera, anche se parziale, è ammessa solo ed esclusivamente nei limiti stabiliti dalla legge sul diritto d'autore ed è soggetta all'autorizzazione dell'editore. La violazione delle norme comporta le sanzioni previste dalla legge.

L'utilizzo in questa pubblicazione di denominazioni generiche, nomi commerciali, marchi registrati, ecc. anche se non specificamente identificati, non implica che tali denominazioni o marchi non siano protetti dalle relative leggi e regolamenti.

Progetto grafico della copertina: Simona Colombo, Milano
Impaginazione: Graficando snc, Milano
Stampa: Signum Srl, Bollate (MI)

9  8  7  6  5  4  3  2  1

Springer-Verlag Italia s.r.l., via Decembrio 28, I-20137 Milano

# Premessa

Quando incontrai per caso ad una cena la prima volta Vittorio Meroni rimasi colpito dall'interesse che aveva per le neuroscienze ed in particolare per lo studio dell'attività cerebrale connessa con la fruizione di particolari messaggi pubblicitari. Erano temi che in Italia nessuno aveva mai trattato esplicitamente fino ad allora, mentre all'estero erano da tempo questioni di ricerca al centro del dibattito scientifico sia nel campo delle neuroscienze che del marketing. In quella serata a Roma, tempo fa, parlammo delle possibilità delle moderne neuroscienze di osservare il funzionamento cerebrale in maniera non invasiva e di come si potessero avere delle informazioni preziose su tale funzionamento applicando tecniche di ingegneria che anche lo stesso Vittorio aveva appreso molti anni addietro.

Nei successivi due anni pianificammo ed eseguimmo gli esperimenti che qui sono riportati e stabilimmo di scrivere questo libro per fare il punto della situazione su di un campo di studi che in Italia sta appena iniziando ad essere attivo. Questo libro, come ci dicevamo spesso, era solo il primo di una serie e tutto il territorio di ricerca che avevamo davanti ci appariva assolutamente inesplorato e pronto per l'indagine scientifica che volevamo intraprendere.

La natura ha invece disposto diversamente, non prima però che Vittorio potesse aver avuto la possibilità di mettere la parola fine al nostro libro. Questo oggi esce con una tensione sotterranea verso tutte le cose che ancora si possono e si devono fare nel settore della neuroeconomia e del neuromarketing impiegando i moderni strumenti di analisi dei dati cerebrali attualmente disponibili.

Una parte di quello che siamo sta in quello che ci lasciamo dietro di noi dopo il nostro passaggio. Spero che Vittorio possa essere orgoglioso del suo libro come io lo sono.

Roma 18 maggio 2007                                         Fabio Babiloni

# Ringraziamenti

Gli Autori ringraziano la collaborazione preziosa degli ingegneri Laura Astolfi, Fabrizio De Vico Fallani, Andrea Tocci, Luigi Bianchi, Febo Cincotti e della dott.ssa Donatella Mattia per l'aiuto indispensabile dato durante le fasi di messa a punto e sviluppo del progetto sperimentale i cui dati sono qui riportati.

# Indice

# Capitolo 1

# Introduzione al libro

## 1.1 Introduzione

Lo studio dei processi decisionali nell'uomo è senz'altro uno dei capitoli più interessanti che le neuroscienze stanno scrivendo in questi ultimi anni grazie alla capacità delle moderne tecnologie (dette di brain imaging) di seguire le attività cerebrali *in vivo* con una risoluzione temporale dell'ordine dei millesecondi e con una risoluzione spaziale dell'ordine dei millimetri, assolutamente impensabili fino a pochi anni fa. Grazie ad una serie di studi scientifici eseguiti con tali tecniche, oggi sappiamo che esistono circuiti cerebrali, intesi come insieme di particolari aree cerebrali attive simultaneamente, che sono invariabilmente coinvolti quando un soggetto esegue una scelta fra diverse opzioni possibili.

La questione di come noi generiamo, e dovremmo generare, decisioni e giudizi ha occupato i filosofi per molte centinaia di anni, e tenuto vive alcune discipline fra le quali la filosofia e alcuni rami della psicologia. Un recente approccio, conosciuto come neuroeconomia, ha pensato di integrare alcune idee e scoperte scientifiche dai campi della psicologia, delle neuroscienze e dell'economia in un tentativo di specificare in maniera accurata quali possano essere dei modelli di scelta e decisione nell'uomo. Il razionale per l'integrazione di queste diverse discipline deriva dalla considerazione che il comportamento dell'uomo in campo finanziario spesso sembra irrazionale, come dimostrano le vicende umane che si osservano ai tavoli verdi dei casino, nelle ricevitorie di scommesse, o addirittura nelle varie borse azionarie. La disciplina delle neuroeconomia, descritta nelle pagine seguenti, viene definita allora come "l'applicazione delle metodiche neuroscientifiche per l'analisi e la conoscenza dei comportamenti umani di interesse per l'economia". Questo rimodellamento del terreno di competenza della ricerca nel campo dell'economia non è un fatto nuovo, dato che continuamente i confini degli studi economici sono rimodulati dagli avanzamenti che la matematica o le scienze della simulazione ottengono continuamente. In questo caso, invece, l'avanzamento nella comprensione del comportamento dell'uomo ottenuta con le metodiche di analisi dell'attività cerebrale pone problemi nuovi e crea la confluenza di distinte discipline in una nuova area della ricerca scientifica, quale per esempio la "neuroeconomia".

F. Babiloni, V.M. Meroni, R. Soranzo, *Neuroeconomia, Neuromarketing e Processi decisionali*
© Springer, Milano, 2007

"Io so che metà dei soldi che spendo in pubblicità sono buttati, ma non so quale sia quella metà", diceva scherzando John Wanamaker, che creò il primo grande magazzino statunitense nel 1876. Da allora, gli uomini del marketing e i politici stessi hanno pensato molto ai modi e ai mezzi per vendere meglio i loro prodotti o le loro idee. I focus group sono ora di largo impiego fra i pubblicitari e gli addetti al marketing, e le tecniche di brain imaging applicate ai meccanismi decisionali dell'uomo potrebbero forse essere impiegati per corroborare i risultati ottenuti con le tecniche tradizionali.

Gli scettici nei campi delle neuroscienze e del marketing esprimono sostanzialmente la tesi che i modelli economici e le tecniche neuroscientifiche di brain imaging sono su livelli di analisi del comportamento talmente lontani che difficilmente potranno offrirsi aiuto reciproco nella comprensione dei problemi che caratterizzano il comportamento sociale ed economico dell'uomo. Sebbene molti di questi esperti dubitano che le tecniche di brain imaging possano essere impiegate in maniera sensata a tale scopo, la disciplina detta di neuromarketing ha suscitato molto interesse, e altrettanto sospetto, attraverso una serie di articoli pubblicati su giornali importanti di oltre oceano, quali *Forbes*, *The New York Times*, and *The Financial Times*. Anche in Italia molti quotidiani a diffusione nazionale hanno dato spazio a notizie (spesso confuse ed allarmistiche) relative alla possibile applicazione delle tecnologie del brain imaging per la valutazione della efficacia delle comunicazioni commerciali.

È comprensibile che l'idea di valutare i correlati neurologici del comportamento del consumatore mediante le tecniche di brain imaging possa causare una eccitazione considerevole negli ambienti del marketing. Va però osservato come sia molto riduttiva la definizione del neuromarketing come applicazione delle tecniche di neuroimaging per l'analisi del comportamento del consumatore dopo l'esposizione a messaggi pubblicitari. Più correttamente invece il neuromarketing può essere definito come il campo di studi che applica le metodiche proprie delle neuroscienze per analizzare e capire il comportamento umano in relazione ai mercati e agli scambi di mercato. Diviene allora rilevante il contributo delle metodiche proprie delle neuroscienze per la conoscenza del comportamento umano nell'ambito del marketing. Infatti, il problema fondamentale che si ha in questo campo di studio è quello di poter superare la dipendenza delle misure oggi impiegate per l'analisi del comportamento umano dal soggetto di studio stesso. Queste misure dipendono dalla buona fede e dall'accuratezza con cui il soggetto sperimentale riporta le proprie sensazioni allo sperimentatore. L'impiego delle tecniche di brain imaging può separare il vissuto "cognitivo" del soggetto (ed espresso poi verbalmente durante l'intervista) dall'attivazione delle aree cerebrali relative a differenti stati mentali di cui il soggetto stesso può non avere consapevolezza cosciente. Esistono ora una serie di evidenze sperimentali che sembrano suggerire che l'impiego delle tecniche di brain imaging possano in un vicino futuro affiancare i classici test oggi impiegati largamente nelle scienze del marketing.

È indubbio che i prossimi anni ci diranno quali promesse saranno mantenute da parte delle tecniche di indagine cerebrale applicate ai problemi economici che fanno capo ai campi di ricerca della neuroeconomia e del neuromarketing. È comunque evidente che molti concetti relativamente ai campi dell'economia e del marketing dovranno essere introdotti nei prossimi anni, per tenere conto in maniera più precisa delle conoscenze che verranno acquisite dall'analisi del comportamento del cervello umano "osservato" durante trattative economiche o durante la scelta di un particolare prodotto.

Il presente libro vuole quindi essere il primo contributo italiano a questa area di ricerca scientifica, mediante la proposizione di alcune riflessioni su come il nostro cervello possa generare decisioni, e su come sia possibile monitorare con un certo grado di accuratezza tali decisioni. A differenza degli articoli di giornale sull'argomento, qui non si parlerà di aree cerebrali che si "accendono" per acquistare un particolare prodotto, né si parlerà della possibilità di studiare in maniera "nascosta" le opinioni e le preferenze del soggetto sperimentale per l'acquisto di oggetti.

Lo scopo di questo libro è infatti quello di proporre al lettore una serie di informazioni organizzate sull'attività cerebrale nell'uomo durante la generazione delle decisioni, anche in materia economica. L'idea è quella di illustrare una serie di conoscenze sul funzionamento cerebrale relativo ai processi decisionali nell'uomo in un linguaggio il più possibile semplice, che non sia da "addetti ai lavori", in quanto la conoscenza non è un patrimonio per iniziati ma di tutti. Il particolare linguaggio impiegato nel testo, nonché la assenza di terminologie e formalismi matematici precisi rimuove le barriere formali alla comprensione del libro stesso, allargandone la fruibilità a persone provenienti da ambienti culturali differenti, quali quelli della psicologia, economia e medicina. Si è scelto di porre la descrizione dei formalismi matematici alla base delle tecniche illustrate nel libro in apposite appendici, nei capitoli 9-11, per non appesantire la comprensione del testo a quei lettori interessati ai concetti generali e non alle modalità di realizzazione di questi. Non sfuggirà comunque a tutti i lettori l'esistenza di un solido fondamento matematico alle conclusioni ed alle osservazioni scientifiche riportate nel libro, indicato dalla importanza delle appendici presenti in questo libro. Tali appendici, rendono possibile l'adozione del libro come testo di supporto applicativo a corsi di bioingegneria e marketing nelle università, per le lauree di primo livello e specialistiche.

In particolare, il libro presenta nel capitolo 1 una definizione della disciplina della neuroeconomia, mentre il capitolo 2 cerca di esporre in una sequenza ordinata le principali strutture cerebrali che oggi si credono coinvolte principalmente nei processi di decisione nell'uomo. In particolare sono illustrate le divisioni dei diversi distretti corticali, nonché le strutture cerebrali che sono coinvolte nei processi emozionali. Il capitolo 3 illustra le principali tecniche di visualizzazione dell'attività cerebrale in vivo, che nello scorso decennio hanno potuto generare una messe copiosa di dati sui processi cerebrali nell'uomo. Il capitolo 4 entra nel dettaglio di come il nostro cervello possa valutare le decisioni da prendere in seguito a eventi del mondo esterno con differenti valenze emozionali. Il capitolo 5 illustra alcune caratteristiche dei processi decisionali umani, legandoli alle particolari aree cerebrali. In particolare, si introducono termini quali plasticità, modularità, specializzazione che sono utili per la comprensione dei meccanismi coinvolti nei processi decisionali di ogni giorno. Il capitolo 6 presenta alcuni modelli di funzionamento dei processi di memorizzazione a breve e lungo termine, così come vengono illustrate le aree corticali che sono coinvolte pesantemente nei meccanismi di scelta, quali le aree della corteccia orbitofrontale. Il capitolo 7 presenta i risultati del primo studio eseguito in Italia di analisi dei processi di memorizzazione della visione di filmati commerciali, mediante le tecniche moderne di brain imaging legate all'elettroencefalografia ad alta risoluzione spaziale. Sempre nel capitolo 7 viene presentato lo stato dell'arte della ricerca scientifica in campo internazionale relativamente all'argomento trattato. Il capitolo 8 chiude il libro, indicando quali future strade potranno essere percorse per migliorare la ricerca sulla comunicazione pubblicitaria televisiva. La serie delle appendici matematiche (capitoli 9-11) ha lo scopo di dare un fondamento formale ad alcune tecniche e concetti espressi nei capitoli precedenti e che non erano sviluppati adeguatamente per mantenere elevata la leggibilità del testo a un pubblico con estrazioni culturali differenti. I capitoli 9 e 10 presentano gli strumenti econometrici che sono correntemente impiegati nella pratica per la valutazione del ricordo di filmati commerciali televisivi. Il capitolo 11 si intessa della descrizione degli aspetti matematici con cui è possibile stimare l'attività e la connessione funzionale fra le differenti aree corticali nell'uomo mediante la registrazione dell'attività elettrica di superfice (elettroencefalogramma, EEG). Chiude il libro il questionario scientifico impiegato per lo studio sulla memorizzazione dei filmati commerciali presentato nel capitolo 7.

## 1.2    Neuroeconomia: come le neuroscienze possono spiegare l'economia

Quando i primi economisti neoclassici hanno costruito nei primi anni del 1900 la teoria economica basata sul comportamento dell'individuo, il modello psicologico da essi adottato era già datato nel tempo e obsoleto. Essi, infatti, interpretavano il comportamento umano come il risultato di un processo decisionale, che pesava i costi ed i benefici delle azioni per massimizzarne l'utilità (per esempio, la felicità). Ma già alcuni fra gli economisti di tale era nutrivano dubbi circa la plausibilità di tale massimizzazione. Ad esempio uno di questi, Viner (1925), lamentava che: *"Il comportamento umano, in generale, e presumibilmente, pertanto, anche nei confronti del mercato, non è sotto la costante e dettagliata influenza di attenti ed accurati calcoli edonistici, ma è il prodotto di un complesso instabile ed irrazionale di riflesso, azioni, impulsi, istinti, usi, costumi, mode e isterismi."* Gli studiosi di economia, inoltre, dissentivano sul fatto che non potendo misurare obbiettivamente l'utilità questa non potesse essere utilizzata per prevedere il comportamento in modo indipendente. Poiché le sensazioni erano il mezzo per prevedere il comportamento, ma al tempo stesso potevano essere valutate solo a partire dal comportamento, gli studiosi di economia hanno constatato che senza una misurazione diretta, quello basato sulle sensazioni era un modo di studio inutile. Nel 1940, i concetti di utilità ordinale e preferenza rivelata hanno eliminato il superfluo passaggio intermedio attraverso il presupposto delle sensazioni del soggetto che eseguiva le scelte. La teoria della preferenza rivelata identifica le preferenze del consumatore, di per se impercettibili e supposte non conoscibili da altri, con le scelte da lui fatte, che al contrario possono invece essere osservate da un osservatore esterno. La circolarità viene evitata supponendo che le persone si comportino in modo costante, la qual cosa rende tale teoria falsificabile;

una volta rivelato che A viene preferito a B, le persone non dovrebbero successivamente scegliere B invece che A. Così come gli psicologi del comportamento nel 1920 rifiutavano di fare riferimento a costruzioni psicologiche non riscontrabili, i concetti di utilità ordinale e preferenze rivelate hanno dato agli studiosi di economia un modo facile per evitare la realtà. In ultima analisi l'utilità scontata, quella prevista e quella attesa soggettiva, unitamente all'aggiornamento Bayesiano hanno fornito uno strumento in grado di sostituire completamente i vissuti cognitivi dei soggetti sperimentali. Gli economisti, quindi, hanno impiegato decenni per sviluppare procedure matematiche di previsione economica senza dover misurare i pensieri o le sensazioni dei soggetti sperimentali (o consumatori) in modo diretto.

## 1.3 Lo sviluppo delle neuroscienze aiuta la teoria economica delle scelte

Ai giorni nostri, tuttavia, le neuroscienze, quell'insieme di discipline che hanno come oggetto lo studio del cervello e del sistema nervoso centrale nell'uomo, hanno iniziato a fornire i primi strumenti di misurazione diretta dei pensieri e delle sensazioni delle persone. Mediante una serie di strumenti di misurazione sempre più sofisticati e sempre meno "invasivi", descritti in qualche dettaglio nel capitolo 3 di questo libro, si è oggi in grado di poter "osservare" i segni dell'attività cerebrale nei soggetti sperimentali durante l'esecuzione di compiti sia di tipo cognitivo che motorio, sia anche durante l'immaginazione di atti motori o cognitivi particolari.

La possibilità di "seguire" l'attività cerebrale durante l'esecuzione di processi cognitivi nell'uomo rappresenta quindi una sfida alla nostra comprensione della relazione tra mente ed azione e contemporaneamente conduce ad un nuovo approccio teorico in vari campi delle scienze sociali, mettendo in crisi quelli precedenti. In che modo, dunque, le nuove scoperte nel campo delle neuroscienze e le teorie che da esse si sono sviluppate, possono modificare la teoria economica che, anche in assenza di esse, ha conosciuto un notevole sviluppo e successo nel corso del tempo?

La teoria economica classica basata sulla massimizzazione vincolata dell'utilità può essere più naturalmente interpretata mediante l'utilizzo di un modello di decisione ponderata, cioè di un bilanciamento dei costi e dei benefici in corrispondenza a differenti opzioni di scelta. Nonostante gli studiosi di economia possano riconoscere che gli esseri umani spesso scelgono senza molta deliberazione, i modelli economici, così come sono stati scritti, sono invece rappresentativi di un processo decisionale in "equilibrio deliberativo", cioè caratteristico di una fase in cui ulteriori calcoli e riflessioni non altererebbero da sole la scelta effettuata.

Senza negare che il ragionamento è sempre una fase fondamentale per i processi decisionali dell'uomo, la ricerca nell'ambito delle neuroscienze evidenzia due inadeguatezze di un simile approccio. Per prima cosa, la maggior parte del cervello umano è adibito al supporto di processi 'automatici', che sono più veloci rispetto ad un qualsiasi ragionamento conscio e che inoltre avvengono con minore se non addirittura in assenza di consapevolezza e fatica. In secondo luogo, il nostro comportamento è sotto la dominante e non riconoscibile influenza dell'emotività, localizzabile in particolari regioni del cervello ed i cui sistemi strutturali di base accomunano l'uomo a molti altri animali. Nel capitolo 2 descriveremo alcuni dei sistemi cerebrali che si pensa giochino un ruolo fondamentale nella generazione della componente emotiva dei nostri atti quotidiani. Questi sistemi sono assolutamente essenziali nella vita quotidiana. Infatti, quando i sistemi emotivi sono danneggiati o perturbati da infortuni cerebrali, stress, squilibri nei neurotrasmettitori, alcool o dal cosiddetto "heat of the moment", il sistema decisionale non è generalmente in grado di lavorare in modo autonomo. Negli esseri umani il comportamento è il risultato dell'interazione tra sistemi controllati ed automatici da una parte, e tra sistemi cognitivi ed emotivi dall'altra. Inoltre, molti comportamenti che si è chiaramente stabilito essere dovuti a sistemi automatici o affettivi sono interpretati da parte degli esseri umani come il prodotto della ragione. Il sistema deliberativo, responsabile della giustificazione del comportamento, non è in grado di esercitare la propria influenza nei confronti degli altri sistemi, e amplifica l'importanza dei processi che è in grado di capire nel momento in cui tenta di giustificare il comportamento del corpo. Le scoperte ed i metodi sviluppati in ambito neuroscientifico avranno senza dubbio un ruolo di crescente importanza nell'economia. In effetti, alcuni studi neuroeconomici da parte di diversi neuroscienziati sono già balzati alle cronache ed hanno attirato parecchia attenzione, a prescindere dal parere positivo o negativo degli studiosi di economia. La partecipazione ad una così grande impresa intellettuale ci permetterà di accertare quello che le neuroscienze potranno chiarire circa la comprensione dei meccanismi di decisione in ambito economico degli esseri umani.

# Capitolo 2

# Cenni di anatomia cerebrale

## 2.1 La struttura dell'encefalo: lobi cerebrali e aree di Brodmann

Lo studio sugli animali è informativo sull'essere umano nell'ambito delle neuroscienze perché molte strutture cerebrali e le loro relative funzionalità nei mammiferi non umani sono simili a quelle degli uomini (basta pensare alla similarità genetica tra uomo e molte specie di scimmie). I neuroscienziati dividono comunemente il cervello in una serie di regioni diverse che rispecchiano una combinazione di sviluppo evolutivo, funzionalità e fisiologia. La suddivisione più comune presenta una distinzione tra "**cervello rettile**", responsabile per le fondamentali funzioni di sopravvivenza come respirare, dormire e mangiare, il "**cervello mammifero**" che comprende le unità associate alle emozioni sociali, ed il "**cervello ominide**" che è caratteristico degli esseri umani comprendente la maggior parte della nostra corteccia, il fine strato che ricopre il cervello e che è responsabile di tutte quelle funzioni di alto livello come il linguaggio, la coscienza e la capacità di ragionare a lungo termine. Poiché la misurazione dell'attività cerebrale in maniera invasiva, tramite cioè elettrodi inseriti direttamente dentro il cervello, è limitata agli animali, essa ha fino ad ora fornito utili informazioni soprattutto in relazione a quei processi motivazionali ed emozionali che l'uomo condivide con gli altri mammiferi piuttosto che sui processi di alto livello come il linguaggio e la coscienza.

Le malattie mentali croniche (per esempio la schizofrenia), i disturbi dello sviluppo (per esempio, l'autismo) e le malattie degenerative del sistema nervoso ci aiutano a capire il modo nel quale il cervello umano lavora. Infatti, è possibile correlare i sintomi presentati dai pazienti con il deterioramento di alcune parti del sistema nervoso centrale ed inferirne il loro supposto funzionamento. Ciò avviene perché la maggior parte di queste malattie attacca specifiche aree del cervello. In alcuni casi, la progressione della malattia segue anche un preciso percorso nel cervello. Ad esempio, il morbo di Parkinson, colpisce inizialmente i gangli della base per poi diffondersi alla corteccia. I primi sintomi di questo male, pertanto, forniscono informazioni proprio riguardo alle funzionalità dei gangli della base. Allo stesso modo, un danno cerebrale localizzato, prodotto da un trauma o da un incidente vascolare, è

F. Babiloni, V.M. Meroni, R. Soranzo, *Neuroeconomia, Neuromarketing e Processi decisionali*
© Springer, Milano, 2007

una grossa fonte di apprendimento sul funzionamento del cervello, specialmente in quei casi in cui il danno è casuale (Damasio 1998). Ad esempio, se i pazienti con una lesione in corrispondenza di una certa regione del cervello X non sono in grado di eseguire un particolare compito nella stessa modalità dei soggetti normali di controllo, ma invece possono eseguire altri compiti con le stesse prestazioni di quelli, allora può essere concluso che l'area X in questione è utilizzata per l'esecuzione del compito specifico considerato. Pazienti che sono stati sottoposti a trattamenti neurochirurgici come ad esempio la lobotomia (usata nel passato per curare la depressione) o ad una bisezione radicale di parte delle arce temporali del cervello (un estremo rimedio all'epilessia, attualmente non più in uso) hanno anche loro fornito molti dati interessanti circa l'attività che viene generata da specifiche regioni del cervello.

Nel cervello possono essere distinte grossolanamente alcune parti, detti lobi, che demarcano zone a cui è stato possibile associare azioni e processamenti specifici delle informazioni sensitive e spaziali che arrivano al soggetto tramite gli organi di senso. La Figura 2.1 presenta tali divisioni cerebrali. Nei primi anni del 1900, alcuni anatomisti riconobbero che nel cervello esistono zone costruite con cellule nervose molto simili per forma tra loro. Ne dedussero quindi che la forma simile delle cellule cerebrali (detti neuroni) in alcuni distretti cerebrali potesse essere funzionale alla generazione di specifiche prestazioni cognitive.

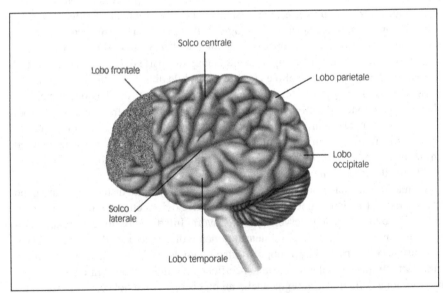

**Fig. 2.1** Questa veduta laterale dell'emisfero sinistro mostra i suoi quattro lobi distinti: frontale, parietale, occipitale e temporale. La parte anteriore del cervello è quindi a sinistra della figura, mentre quella posteriore è rappresentata sulla destra. Si noti anche il midollo spinale verso il basso e il cervelletto, situato in posizione occipitale (destra della figura in basso). Il solco centrale separa il lobo frontale dal parietale; il solco laterale separa il lobo temporale dai lobi frontale e parietale. Germann W.J., Stanfield C. (2005): Principles of Human Physiology, 2 ed. Pearson Education Inc., Glenview

Come accennato sopra, i neuroanatomici dell'epoca divisero il cervello in particolari aree, dette aree di Brodmann dal nome di uno di questi, che separano il territorio cerebrale in porzioni in cui i neuroni hanno caratteristiche citoarchitettoniche simili. Un po' come in una mappa di una città si possono distinguere zone residenziali, caratterizzate da case a schiera e giardini, dalle zone industriali caratterizzate da grossi edifici senza giardini e con grandi capannoni. Come vedendo le differenze in architettura si può ipotizzare che in tale città i due quartieri possano servire a scopi diversi, così anche nel campo delle neuroscienze si è pensato che le differenze di morfologia dei neuroni corticali potessero sottendere differenze di funzione specifica cerebrale.

Numerosi studi scientifici nel corso dell'ultimo ventennio hanno illustrato come la divisione delle aree di Brodmann spesso sia funzionale alla generazione di un particolare processamento cognitivo, motorio o sensitivo all'interno del cervello. Tali aree di Brodmann dividono il territorio cerebrale come illustrato nella Figura 2.2.

Schematicamente si possono riconoscere le seguenti aree corticali principali:
a) Aree sensitive e motorie primarie (rispettivamente con le aree di Brodmann 3,2,1, e 4, 17);
b) Aree sensitive secondarie e motorie secondarie (aree di Brodmann 6,18, 40);
c) Aree associative (aree di Brodmann 9,10,5,7).

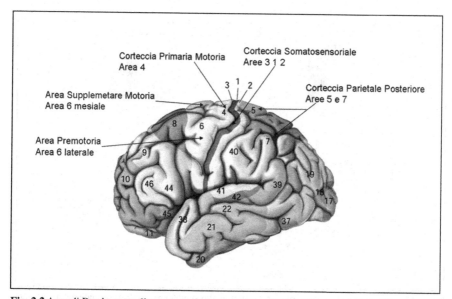

**Fig. 2.2** Aree di Brodmann sulla rappresentazione del cervello. Ogni zona numerata è associata ad una porzione di cervello in cui i neuroni sono simili. L'area di Brodmann 10, per esempio, caratterizza la porzione di encefalo situato nel lobo frontale ed è rappresentata a sinistra. Figura modificata con permesso da Bear, Connors e Paradiso (2002): Neuroscienze. Masson Elsevier editore, Shannon

L'area sensitiva primaria è localizzata nella circonvoluzione postcentrale del lobo parietale e corrisponde alle aree 3, 1 e 2 di Brodmann. In tale area avviene la percezione cosciente degli stimoli elementari.

Gli stimoli sensoriali inoltre arrivano dalla "periferia" del nostro corpo tramite i recettori esterni (occhi, orecchie, naso etc) al nostro cervello in una maniera topologicamente ben organizzata, afferendo a distinte aree di Brodmann. Per esempio, le informazioni visive arrivano nell'area di Brodmann 19, situata nella corteccia occipitale, invece tutte le informazioni sensoriali provenienti dalla mano sono concentrate in una regione specifica laterale dell'area di Brodmann 3,2,1 mentre le informazioni sensoriali del piede arrivano in una parte più centrale (vicino alla sommità della testa) della stessa area di Brodmann. Tale organizzazione spaziale degli input somato sensoriali verso il nostro cervello è detta "rappresentazione somatotopica". Quindi, la sensibilità somatica di parti diverse del corpo viene proiettata in porzioni della circonvoluzione postcentrale cerebrale ben precise e distinte. Si può così disegnare un diagramma, ideato da Penfield e rappresentato in Figura 2.3, detto homunculus sensitivus, che mostra la rappresentazione del corpo a livello dell'area somato sensitiva primaria. Quello che ne risulta è una sorta di caricatura della figura umana, in quanto l'estensione delle varie parti corporee rappresentata è proporzionale all'entità della loro innervazione e non alla loro reale estensione nel corpo. L'area motoria primaria, localizzata nella circonvoluzione precentrale del lobo frontale, coincident con l'area 4 di Brodmann, è deputata all'esecuzione di movimenti volontari. Come nella corteccia sensitiva primaria, anche per l'area 4 si può disegnare l'homunculus motorius. La Figura 2.3

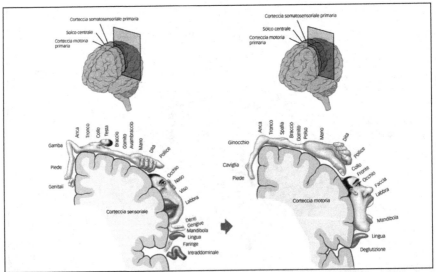

**Fig. 2.3** Omuncoli motorio e sensoriale. A sinistra in alto si nota una sezione coronale della corteccia somatosensoriale, localizzata posteriormente al solco centrale e a sinistra in basso si osserva la relativa mappa somatotopica corrispondente alle parti del corpo raffigurate. A destra in alto è possibile vedere la sezione coronale della corteccia motoria primaria, localizzata anteriormente al solco centrale e in basso a destra la corrispondente mappa somatotopica. Figura modificata con permesso da Germann W.J., Stanfield C. (2005): Principles of Human Physiology. Pearson Education Inc., Glenview

mostra la distribuzione dei neuroni che ricevono stimoli sensoriali (a sinistra) oppure comandano movimenti (a destra) per ogni specifico segmento corporeo.

L'area corticale che comanda uno specifico segmento corporeo è raffigurata nella Figura 2.3 in maniera tanto più grande quanto più grande è il numero di neuroni che servono tale segmento. Si noti come la rappresentazione sia sensitiva che motoria delle mani sia particolare, rispetto a quella di altri distretti corporei, a causa dell'importanza che le mani hanno per il comportamento dell'uomo. Le aree sensitive e motorie secondarie ricevono le afferenze dalle aree primarie sensitive e elaborano caratteristiche dello stimolo e del movimento più astratte e complesse. Si parla quindi di area di rappresentazione somatotopica anche per le aree sensitive secondarie, che ricevono afferenze dalle omonime cortecce primarie. Tali aree sono implicate nella codificazione e decodificazione degli stimoli sensitivi e motori. Altre aree di Brodmann descrivono zone cerebrali in cui non vengono ricevute informazioni sensitive, ma in cui vengono invece elaborate informazioni polimodali (ad esempio sia acustiche, che somestesiche e/o visive). L'area di Brodmann 10, per esempio, è una area polimodale che si pensa essere coinvolta nei processi di generazione dell'attenzione. Altre aree di Brodmann di particolare interesse per gli studi illustrati in questo libro sono quelle 8 e 9 (vedere il posizionamento di tali aree nella Figura 2.2.).

Va osservato che diversi studi scientifici hanno evidenziato come l'attività delle aree di Brodmann 9 e 10 sia elevata durante i processi di memorizzazione, nonché durante il trasferimento delle informazioni dalla memoria a breve termine a quella a lungo termine. Per una definizione più formale delle memorie a breve e a lungo termine si veda il capitolo 6 del presente libro.

## 2.2  Il sistema limbico

Una considerazione importante, che spesso si tralascia di menzionare nella descrizione dell'attività cerebrale globale, è che il cervello non è composto solamente dalla corteccia cerebrale, ma anche da un insieme di altre strutture che interagiscono con questa. Tali strutture sono responsabili di molte funzioni cerebrali, relative per esempio alle capacità da parte del cervello di ricordare o di generare preferenze nel comportamento esterno del soggetto.

Queste strutture cerebrali, composte da agglomerati neuronali, sono appartenenti ad una periodo evolutivo precedente rispetto a quello in cui si è sviluppata la corteccia cerebrale. Si pensa che tali strutture possano essere la sede di alcuni processi che rafforzano e motivano le scelte che vengono compiute dai mammiferi superiori. Tali strutture sono raggruppate in un sistema detto limbico, e sono elencate di seguito: l'amigdala, l'ippocampo, i gangli della base, l'ipotalamo. Tutte queste strutture sono rappresentate in Figura 2.4.

Generalmente, con il termine sistema limbico si indica quella parte del cervello coinvolta direttamente nella modulazione delle emozioni, nella formazione della memoria recente e nella regolazione delle risposte viscerali. La definizione è quindi legata più ad un concetto funzionale che anatomico.

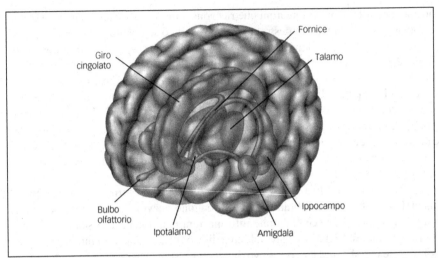

**Fig. 2.4** Il sistema limbico. Le maggiori strutture del sistema limbico sono rappresentate in questa immagine pseudotridimensionale. Si possono osservare le strutture cerebrali dell'amigdala, dell'ipotalamo, l'ippocampo e altre ancora descritte nella legenda interna. Figura modificata con permesso da Germann W.J., Stanfield C. (2005): Principles of Human Physiology. Pearson Education Inc., Glenview

Il sistema limbico è costituito da varie formazioni neuronali, che regolano i comportamenti relativi ai "bisogni primari" per la sopravvivenza dell'individuo e della specie: il mangiare, il bere, il procurarsi cibo e le relazioni sessuali nonché, per una specie evoluta come l'uomo, l'interpretazioni dei segnali provenienti dagli altri e dall'ambiente. Questa zona del cervello gestisce le emozioni, i sentimenti e perciò anche una parte della nostra percezione della realtà. L'ippocampo è una formazione nervosa situata sul margine inferiore dei ventricoli laterali, sopra il cervelletto. Poiché l'ippocampo si occupa della funzione di selezionare le informazioni da trasferire nella memoria secondaria, ne deriva che l'apprendimento e l'oblio sono notevolmente influenzate dalle emozioni positive e negative. Se si prova disgusto per una materia, la possibilità di apprenderla sarà scarsa. L'amigdala è una delle formazioni del sistema limbico, ha una forma ovale ed è localizzata nella parte dorso-mediale del lobo temporale, subito al di sotto della corteccia olfattiva. Le funzioni svolte dai vari nuclei dell'amigdala sono molteplici: le più importanti riguardano la regolazione del sistema nervoso simpatico, la formazione della memoria recente, la modulazione del tono affettivo e l'induzione del comportamento aggressivo.

Nella Figura 2.4 è possibile vedere anche il talamo, che è un grosso aggregato di neuroni diviso in diverse zone distinte all'interno di esso. Si vengono quindi a distinguere nuclei talamici laterali, anteriori, mediali e ventrali. Tale ripartizione rispecchia una suddivisione funzionale, essendo i nuclei talamici della regione anteriore intercalati sulle vie sensitive e motorie, con connessioni a doppia via con specifiche aree della corteccia cerebrale. Sono questi nuclei talamici a far parte di un circuito ritenuto importante al mantenimento della memoria a breve termine; essi infatti ricevono afferenze dall'ippocampo tramite una formazione interemisferica e si proiettano a parte del sistema limbico.

# Capitolo 3

# Visualizzare l'attività cerebrale in vivo

## 3.1  Le Tecniche di Brain Imaging

Spesso nella storia della scienza lo sviluppo di nuovi strumenti di analisi ha consentito l'esplorazione di nuovi orizzonti scientifici ed il superamento dei vecchi confini dell'organizzazione del sapere. Ad esempio, la scoperta del telescopio ha permesso la nascita dell'astronomia moderna come scienza a se stante svincolata dall'astrologia, così come la scoperta del microscopio, con l'apertura del mondo invisibile agli occhi del ricercatore, ha consentito lo sviluppo della biologia.

Negli ultimi 20 anni la ricerca scientifica ha generato un insieme di strumenti di analisi dell'attività cerebrale parzialmente o totalmente "non invasivi", cioè che possono essere usati durante l'attività del soggetto sperimentale da sveglio, senza bisogno di intervenire direttamente sul soggetto stesso mediante l'inserzione nella testa di particolari sensori. Tali strumenti forniscono direttamente o indirettamente delle immagini dell'attività cerebrale del cervello del soggetto durante l'esecuzione di un compito sperimentale, e vengono dette strumenti di "Brain Imaging". Le immagini dell'attività cerebrale durante i compiti cognitivi o motori, così come anche immaginativi, possono essere presentate mediante falsi colori su immagini reali della struttura cerebrale. In tal modo i neuroscienziati possono osservare, come in una mappa di una località geografica, le aree del cervello più attive (più colorate) durante un particolare compito sperimentale, e trarne inferenze sul loro effettivo ingaggio nell'esecuzione del compito stesso. Le immagini dell'attività cerebrale ottenute dalle diverse tecniche di brain imaging possono avere una risoluzione spaziale e temporale molto diverse fra loro. Infatti, a fianco delle diverse tecnologie impiegate per la registrazione dell'attività cerebrale assumono particolare importanza i meccanismi fisiologici che tali tecnologie di misura esplorano. Per esempio, è noto che all'aumento della attività cerebrale corrisponde ad un parallelo aumento della circolazione ematica che serve la zona del cervello che è più attiva. Tale aumento della circolazione ematica avviene però con un ritardo di alcuni secondi dall'aumento della attività cerebrale. Quindi la risoluzione temporale di tale feno-

F. Babiloni, V.M. Meroni, R. Soranzo, *Neuroeconomia, Neuromarketing e Processi decisionali*
© Springer, Milano, 2007

meno circolatorio è di circa una decina di secondi; se si fosse voluto invece misurare il campo elettrico o magnetico generato dalla stessa attività cerebrale si sarebbero seguite le evoluzioni temporali con un ritardo temporale nullo rispetto alla generazione del segnale corticale stesso. In quest'ultimo caso la variabile fisica con cui si è scelto di seguire l'attività cerebrale ha una risoluzione temporale identica a quella del funzionamento cerebrale. Un parametro importante per caratterizzare le diverse metodiche di Brain Imaging è la risoluzione spaziale. Questa è definita come la distanza minima alla quale il metodo di Brain Imaging può riconoscere due attività cerebrali distinte. È un po' come la distanza fra due pixel di una immagine digitale. Più è piccola questa distanza, più la macchina fotografica (o in questo caso il metodo Brain Imaging considerato) è potente.

Un tipico strumento di Brain Imaging si presta a seguire l'attività corticale di un soggetto prima e durante un particolare compito sperimentale. Nella maggior parte delle misure di attività cerebrale vengono comparate le mappe di attivazione cerebrale ottenute dai soggetti durante l'esecuzione del compito sperimentale e di uno di controllo. La differenza tra le mappe di attivazione cerebrale ottenute dal compito sperimentale e quello di controllo (detto di baseline) evidenza allora le aree cerebrali ingaggiate per sostenere il compito sperimentale stesso. Attualmente le principali metodologie di Brain Imaging più comunemente impiegate nelle neuroscienze sono tre. La più antica di queste, l'elettroencefalogramma (EEG), utilizza degli elettrodi aderenti allo scalpo per misurare l'attività elettrica in corrispondenza di uno stimolo o di una risposta comportamentale (tale attività viene indicata con il generico nome di Potenziali Evento Correlati, o Event-Related Potentials: ERP). Un'altra tecnica di Brain Imaging, certamente non di recente introduzione ma ancora molto utile, è la Tomografia ad Emissione di Positroni (Positron Emitted Tomography; PET) che può misurare il consumo di ossigeno o glucosio da parte delle cellule cerebrali. In questo caso la risoluzione temporale della PET è da valutarsi nell'ordine dei minuti. La più innovativa ed attualmente più utilizzata tecnica di Brain Imaging è la Risonanza Magnetica Funzionale (functional Magnetic Resonance Imaging; fMRI) che misura il flusso sanguigno cerebrale. Tale flusso rappresenta un ragionevole indice dell'attività cerebrale in quanto più una regione cerebrale è attiva più il flusso di sangue verso tale regione aumenta. Nello scorso decennio, la fMRI ha assunto una importanza sempre maggiore negli studi di analisi dell'attività cerebrale durante compiti cognitivi e motori nell'uomo, a causa della sua elevata capacità di discriminare spazialmente attività cerebrali differenti anche molto vicine fra loro (nell'ordine di alcuni millimetri). D'altra parte, la fMRI basandosi sull'aumento del flusso ematico cerebrale in seguito all'aumento della richiesta di nutrienti generata dal tessuto neuronale attivo, presenta una risoluzione temporale dell'ordine dei secondi, come già descritto precedentemente. Va allora osservato come ciascuno dei metodi di brain imaging abbia i suoi vantaggi ed i suoi svantaggi in termini di risoluzione spazio-temporale con cui l'attività cerebrale può essere seguita. L'EEG, ad esempio, ha una eccellente risoluzione temporale (dell'ordine del millisecondo) ed è un metodo che permette di monitorare in modo diretto l'attività cerebrale. La risoluzione spaziale, purtroppo, non è elevata mentre l'attività cerebrale può essere misurata solamente dallo scalpo. La risoluzione spaziale dell'EEG, tuttavia, è stata migliorata mediante l'utilizzo di un numero sempre maggiore di elettrodi (Nunez, 1995; Babiloni et al., 2000). I maggiori vantaggi dell'EEG rispetto alle altre tecniche di Brain Imaging sono lo scarso impatto sul soggetto e la sua portabilità. Infatti, con alcune migliorie sull'apparato di registrazione EEG già attuabili al giorno d'oggi potrebbe essere possibile eseguire le misurazioni elettroencefalografiche sulle persone mentre esse svolgono i loro compiti quotidiani.

In questo libro verranno presentati degli esempi di come l'impiego delle tecnologie di EEG ad alta risoluzione spaziale possa consentire di monitorare e localizzare i processi decisionali e di memorizzazione che avvengono all'interno del cervello dell'uomo durante la visione dei classici spot televisivi commerciali. Queste interessanti capacità localizzatorie dell'EEG sono possibili grazie all'impiego di un corpo di tecniche chiamate per brevità "EEG ad alta risoluzione spaziale", che comprende principalmente l'impiego di modelli matematici accurati delle principali strutture della testa rilevanti dal punto di vista della trasmissione del potenziale dalla corteccia cerebrale allo scalpo. In particolare, mediante le immagini di risonanza magnetica, è possibile generare modelli realistici delle principali strutture implicate in tale trasmissione, come il cranio, lo scalpo e la dura madre, insieme con la corteccia cerebrale. L'EEG ad alta risoluzione spaziale implica non solo l'esistenza di un modello matematico di propagazione del campo elettromagnetico dalla corteccia ai sensori elettrici ma anche l'impiego di un adeguato numero di questi, per cercare di catturare fedelmente l'immagine della distribuzione di potenziale sullo scalpo del soggetto. All'acquisizione del segnale EEG, numerosi metodi di analisi spaziale consentono un drastico aumento della risoluzione spaziale dell'EEG sullo scalpo. È importante osservare che l'impiego dell'EEG ad alta risoluzione spaziale consente, mediante un insieme di tecniche matematiche la cui spiegazione formale si trova presentata in appendice al capitolo 11, di visualizzare l'attività cerebrale con una risoluzione temporale dell'ordine dei millisecondi ed una risoluzione spaziale dei centimetri quadri. Il primo passo per l'impiego della tecnica di brain imaging dell'EEG ad alta risoluzione spaziale è la costruzione di un adeguato modello della testa, pensata come un conduttore dell'attività elettrica generata dalla corteccia cerebrale. Nella Figura 3.1 viene mostrata una tipica immagine della ricostruzione delle principali strutture della testa, impiegate per la stima dell'attività corticale a partire dalle registrazioni dell'EEG non invasive. Tramite opportune metodiche di calcolo, descritte nel capitolo 11, si può quindi arrivare alla stima dell'attività corticale dalle misure di attività elettrica superficiale, registrabili dallo scalpo del soggetto sperimentale.

Si è già rimarcato che le tecniche di Brain Imaging si limitano alla misurazione dell'attività corticale di "circuiti" costituiti da migliaia di neuroni. Non esiste attualmente uno strumento di Brain Imaging non invasivo che possa restituire immagini dell'attività cerebrale di agglomerati di decine neuroni.

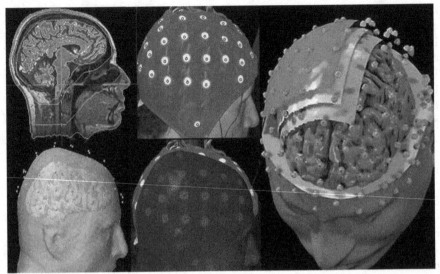

**Fig. 3.1** In questa figura sono rappresentati le diverse fasi della generazione del modello di testa realistico per la stima dell'attività corticale mediante registrazioni EEG ad alta risoluzione spaziale. La figura a destra rappresenta la visione al computer delle strutture cerebrali insieme agli elettrodi di registrazione. Sono anche visibili dal cervello allo scalpo gli strati intermedi di osso e dura madre. Si noti la cuffia elettrodica apposta al soggetto sperimentale che contiene 64 elettrodi di superficie per il prelievo dell'attività elettrica cerebrale. Nella parte sinistra della figura sono rappresentati alcuni momenti della generazione del modello realistico di testa, a partire dalle immagini di risonanza magnetica del soggetto sperimentale sino alla fusione del modello realistico di testa con le informazioni relative alla cuffia elettrodica impiegata per la registrazione del potenziale EEG

## 3.2   L'EEG nel dominio del tempo e della frequenza

Come detto in precedenza, mediante l'impiego dell'EEG ad alta risoluzione spaziale si possono stimare in maniera non invasiva le attività cerebrali mediante semplici elettrodi apposti sullo scalpo. Prima di addentrarci nell'analisi dei dati ottenuti mediante le registrazioni EEG ad alta risoluzione, dobbiamo fare la conoscenza con le forme d'onda tipiche che possono essere registrate sullo scalpo con un EEG convenzionale. Tali forme d'onda EEG sono presentate nella Figura 3.2 seguente. L'attività cerebrale misurata dall'EEG può essere rivelatrice di diversi stati mentali (attenzione, concentrazione etc.), nonché di diversi livelli di coscienza (sonno, livelli del coma etc.) o di alcuni disturbi patologici (epilessia, tumori cerebrali etc.)

L'andamento del tracciato EEG è un'importante indice di integrità delle strutture e della loro funzionalità. L'assenza di attività spontanea cerebrale rilevabile con l'EEG è un indice di morte cerebrale, ossia di una irreversibile compromissione dei tessuti e dei circuiti neurali. È importante osservare che diversi stati mentali, quali ad esempio l'attenzione a particolari eventi, la scarsa attenzione all'ambiente circostante o la sonnolenza, generano forme d'onda cerebrali con caratteristiche ben distinte. Si osservi la Figura 3.3. in cui sono presentate diverse forme d'onda EEG che sono in relazione a particolari stati mentali dei soggetti da cui sono state prelevate. La Figura 3.3. esprime un concetto fondamentale nell'analisi dei dati EEG: vari stati mentali e livelli di coscienza sono riconducibili a variazioni delle oscillazioni del tracciato EEG stesso.

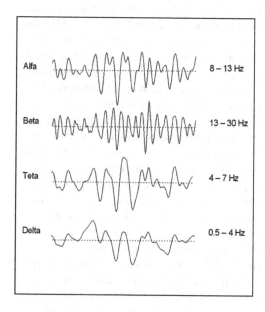

**Fig. 3.2** Andamento delle onde registrate in un EEG e denominate alfa, beta, teta e delta a seconda della loro frequenza di oscillazione. Nell'epilessia appaiono punte anomale nel tracciato EEG e onde di grande ampiezza quando molti neuroni vengono attivati simultaneamente

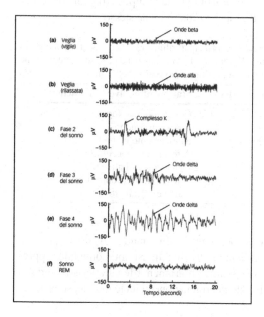

**Fig. 3.3** Tracciati EEG relativi a differenti stati mentali. Si noti come le oscillazioni del segnale EEG possano essere differenti fra loro seconda dello stato mentale generato dal soggetto sperimentale. Si confrontino per esempio le lente oscillazioni del segnale EEG nel sonno profondo (c, d, e) con le veloci oscillazioni dello stesso nel caso di stato di veglia (a, b) o nel caso di sonno REM (f). Figura modificata con permesso da Germann W.J., Stanfield C. (2005): Principles of Human Physiology. Pearson Education Inc., Glenview

È quindi importante avere un modo per caratterizzare le oscillazioni presenti nel tracciato EEG mediante una analisi automatica. Tale analisi del segnale EEG è largamente impiegata nella letteratura scientifica ed è chiamata analisi spettrale, dove la parola spettro indica l'insieme delle oscillazioni del segnale EEG presenti nello stesso alle diverse frequenze. In generale, il segnale EEG presenta delle frequenze che variano da 1 o due oscillazioni al secondo (1-2 Hz) fino a 40 oscillazioni al secondo (40 Hz). I ritmi EEG sono suddivisi sulla base dell'intervallo di frequenze entro cui variano, e ciascun intervallo viene identificato attraverso una lettera greca. Un intervallo di frequenza viene allora detto banda di frequenza. Convenzionalmente, nello studio dell'EEG viene impiegata la seguente nomenclatura per caratterizzare particolari classi di oscillazioni del segnale che hanno un significato clinico rilevante:

I ritmi DELTA ($\delta$) sono piuttosto lenti, con oscillazioni di frequenza inferiori a 3 Hz, spesso di grande ampiezza di oscillazione, e sono un elemento caratteristico di sonno profondo, di condizioni patologiche come il coma o di alcune forme tumorali.

I ritmi TETA ($\theta$) sono di 3-7 Hz e si registrano durante alcuni stati di sonno (hanno anch'essi grande ampiezza di oscillazione). I ritmi ALFA ($\alpha$) sono oscillazioni del segnale EEG con frequenze fra 8 e 13 Hz e sono associati a stati di veglia rilassata (si registrano meglio dai lobi parietali ed occipitali, la parte posteriore del cervello). La desincronizzazione del ritmo alfa, cioè la diminuzione dell'ampiezza delle onde, sarebbe correlata ad una maggiore disponibilità delle reti corticali all'input sensoriale o al comando motorio. I ritmi BETA ($\beta$) e i ritmi GAMMA ($\gamma$) comprendono tutte le frequenze maggiori di circa 14 Hz (14-30 Hz e >30 Hz rispettivamente) e sono indicativi di una corteccia attivata. Tali ritmi si osservano di norma a livello delle aree frontali del cervello, ma si possono registrare anche da altre regioni corticali; durante l'attività mentale intensa hanno l'ampiezza minima. Nella tabella successiva si riassumono le principali frequenze di oscillazione dell'EEG e gli stati mentali che sono tipicamente associati a tali variazioni. Il grafico che mostra per un dato segnale EEG la sua composizione in termini di oscillazioni alle diverse frequenze è detto "spettro" del segnale stesso.

**Tabella 3.1** La tabella presenta la nomenclatura dei principali ritmi EEG, la banda di frequenza in cui si manifestano, l'ampiezza tipica delle oscillazioni dell'EEG in tale banda e lo stato mentale che spesso viene associato alla registrazione di tali oscillazioni dallo scalpo dell'uomo

| Ritmo | Frequenza (Hertz) | Ampiezza ($\mu V$) | Stati mentali, livelli di coscienza |
|-------|-------------------|--------------------|-------------------------------------|
| DELTA | 0,5-3             | 20-200             | Condizioni patologiche              |
| TETA  | 3-7               | 5-100              | Sonno profondo                      |
| ALFA  | 8-13              | 10-200             | Rilassamento mentale                |
| BETA  | 14-30             | 1-20               | Attenzione, concentrazione, aree corticali attivate |
| GAMMA | >30               | 1-20               | Attenzione, concentrazione, aree corticali attivate |

La Figura 3.4 mostra un tipico spettro del segnale EEG in un soggetto a riposo, in cui le bande teta, alfa e beta sono facilmente individuabili. Si noti come tale rappresentazione spettrale del segnale EEG riassume chiaramente le caratteristiche dello stesso che possono invece essere di difficile interpretazione nella lettura dei segnali nel

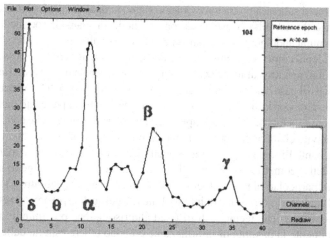

**Fig. 3.4** Tipico andamento dello spettro di un segnale EEG. Le lettere indicano i picchi delle bande omonime. In ascisse sono rappresentate le frequenze delle oscillazioni che compongono il segnale EEG, mentre in ordinate sono rappresentate le ampiezze delle oscillazioni. In questo caso si può notare che il segnale EEG il cui spettro è qui rappresentato è composto prevalentemente da oscillazioni nella banda alfa, fra 8 e 12 Hz, mentre sono anche presenti nello stesso segnale delle oscillazioni in banda beta e in banda gamma

tempo (si veda la Fig. 3.2 per confronto). La rappresentazione spettrale dei segnali EEG consente quindi di avere una idea chiara dello stato mentale del soggetto sperimentale, ed è una forma di analisi largamente diffusa nella parte delle neuroscienze che impiegano l'EEG come strumento di indagine dell'attività cerebrale spontanea.

## 3.3 Dalla registrazione EEG superficiale alla stima dell'attività corticale

Si sono viste nei paragrafi precedenti le caratteristiche del segnale EEG registrabili dallo scalpo del soggetto tramite una serie elettrodi superficiali apposti sullo scalpo. Si sono inoltre presentati i concetti di banda di frequenza, e di spettro del segnale EEG. In questo paragrafo si farà vedere come tramite opportune metodiche di calcolo si possa arrivare dalle registrazioni EEG superficiali alla stima dell'attività corticale del soggetto sperimentale. Va subito osservato come il segnale EEG registrato da un elettrodo posto sullo scalpo non può essere messo direttamente in correlazione con l'attività corticale sottostante. La relazione complessa fra il segnale registrato dal sensore e l'area corticale attivata è data dalla soluzione del problema di propagazione diretto, presentato nei suoi dettagli matematici nel capitolo 11 del presente libro. Infatti, i potenziali elettrici rilevabili dagli elettrodi posti sullo scalpo sono distorti ed attenuati rispetto a quelli che si generano a livello corticale a causa delle inomogeneità delle strutture che costituiscono la testa dell'uomo. Ad esempio, l'attività di anche una piccola area corticale può essere registrata da diversi sensori elettrici posti anche ad una distanza di diversi centimetri sullo scalpo fra loro. Quando siamo in una sala particolarmente affollata e rumorosa diviene difficile avere una conversazione, in quanto la voce della persona che ci sta comunicando qualcosa è confusa con le voci di altre persone che gli parlano vicino. È evidente come la sovrapposizione dei segnali vocali nella sala possa rendere molto difficile il tentativo di localizzare la sorgente del segnale di interesse (la persona che si conosce nel caso dell'esempio di cui sopra). Questa difficoltà di localizzare immediatamente le aree corticali che hanno originato il segnale EEG prelevato dallo scalpo possono essere superate se vengono impiegate particolari tecnologie che consentono la stima dell'attività elettrica cerebrale direttamente sulla superficie corticale. Ciò viene ottenuto mediante l'impiego di accurati modelli del cranio, scalpo e dura mater, insieme con modelli geometrici realistici della corteccia cerebrale del soggetto in esame. L'impiego di particolari algoritmi (detti di stima lineare inversa dell'attività corticale, descritti nel capitolo 11) consente di inferire l'attività corticale a partire da misure EEG non invasive. L'uso delle tecniche di EEG ad alta risoluzione può quindi migliorare considerevolmente la quantità di informazione che può essere estratta dalle registrazioni di EEG nell'uomo e rivela dettagli dell'attività corticale sottostante che rimangono oscurati dalle registrazioni convenzionali a 32 o 64 elettrodi. Il processo che porta dalle registrazioni EEG ad alta risoluzione spaziale, condotte con 64-128 elettrodi apposti sullo scalpo con una cuffia, alla stima dell'attività corticale è schematizzato nella Figura 3.5. In tale Figura è possibile osservare da sinistra a destra il flusso concettuale di analisi che viene eseguito per stimare l'attività corticale con una risoluzione temporale nell'ordine dei millisecondi e con una risoluzione spaziale pari a quella delle aree di Brodmann (pochi cm quadrati). In particolare, a sinistra si osserva la cuffia elettrodica da cui viene prelevata l'attività cerebrale del soggetto sperimentale.

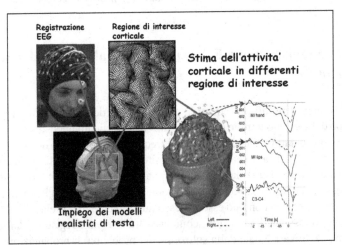

**Fig. 3.5** Dalla registrazione EEG ad alta risoluzione spaziale, a sinistra nell'immagine, alla stima dell'attività corticale mostrata sulla destra della figura. Si noti come le forme d'onda a destra della figura siano computate sulla particolare superfice corticale del soggetto sperimentale, mentre le registrazioni EEG avvengono sulla superfice dello scalpo mediante l'apposizione di elettrodi (a sinistra nell'immagine). Le forme d'onda corticali, a destra della figura, possono essere sottoposte all'analisi spettrale per la valutazione del loro contenuto di frequenza allo stesso modo in cui le tracce EEG sono analizzate dai dati registrati dagli elettrodi

Di tale soggetto sperimentale viene fatto un modello di testa realistico al computer che consente di impiegare algoritmi matematici molto precisi per la stima dell'attività cerebrale dalle misure EEG (Babiloni et al., 2001, 2003, 2004, 2005). Si noti il dettaglio con cui è possibile schematizzare la corteccia cerebrale nelle regioni di interesse desiderate. Nella parte a destra della figura sono allora visibili le forme d'onda dell'attività cerebrale relative alle regioni di interesse, corrispondenti alle aree cerebrali che comandano in questo caso alcuni segmenti corporei. Si noti come la risoluzione temporale dell'attività corticale stimata in maniera non invasiva sia dell'ordine dei millisecondi. La PET oppure la fMRI sono tecniche di brain imaging che invece possono offrire una risoluzione spaziale dell'ordine di qualche millimetro, mentre mostrano una risoluzione temporale da qualche secondo a una decina di secondi e oltre. Come già detto tali risoluzioni temporali non sono particolarmente utili per seguire i processi decisionali che avvengono rapidamente nel cervello dell'uomo, su scale temporali tipicamente di alcune decine di millisecondi. Va osservato come le tecniche di Brain Imaging forniscono solamente una immagine istantanea dell'attività cerebrale. Si stima che i processi neurologici siano descrivibili su una scala spaziale di alcuni millimetri ed un intervallo temporale dell'ordine dei 100 millisecondi, ma come già detto in precedenza la risoluzione spaziale e temporale tipiche degli strumenti di acquisizione PET e fMRI di cui si dispone sono rispettivamente 3 millimetri e 2-10 secondi.

Per generare immagini affidabili dell'attività corticale, vengono mediate le immagini dell'attività cerebrale acquisite sul soggetto nel corso di differenti ripetizioni del processo di misurazione.

# Capitolo 4

# Come il cervello esegue le scelte di ogni giorno

4.1  I processi di scelta nella vita di ogni giorno

L'obiettivo di questo capitolo è quello di evidenziare alcune scoperte delle neuro-scienze che si pensa possano essere rilevanti nei confronti del problema di come l'individuo generi comportamenti tesi a massimizzare, consolidare o acquisire dei vantaggi che gli vengono procurati dalla interazione con beni o altri soggetti nel mondo esterno. In particolare, l'attenzione verrà concentrata sugli aspetti dello studio del comportamento umano in compiti in cui sia possibile evidenziare un interesse economico per questo. Verranno enfatizzate le scelte dell'individuo che possano essere in contrasto con gli usuali modelli di scelta razionale fondati sull'ottimizzazione del rapporto tra costi e benefici con cui spesso motiviamo le nostre azioni.

La Tabella 4.1 mostra la distinzione a cui si è fatto riferimento nell'introduzione, riguardante la contrapposizione tra processi controllati ed automatici (Schneider and Shiffrin 1977) e quella tra ragione ed emozione. Come descritto dalle due righe della tabella I, i processi controllati tendono ad essere seriali (utilizzano, cioè, una logica sequenziale o passo dopo passo), sono evocati deliberatamente dal soggetto nel momento della sorpresa o del cambiamento (Hastie 1984), sono spesso associati a sensazioni soggettive di sforzo e tipicamente si presentano in modo conscio. Dal momento che i processi controllati sono consci, spesso le persone hanno un buon accesso introspettivo ad essi. Di conseguenza, se alle persone viene chiesto in che modo risolverebbero un problema di matematica oppure sceglierebbero una nuova macchina, essi fornirebbero onestamente un dettagliato resoconto del loro processo di scelta. I metodi standard di analisi economica, come ad esempio l'albero delle decisioni, nel modo in cui sono utilizzati attualmente si adattano bene questi processi controllati.

Da questo punto di vista, i processi automatici sono l'opposto di quelli controllati; essi avvengono in parallelo, non sono associati a nessuna sensazione o sforzo soggettivo, ed operano al di fuori della consapevolezza conscia. Il risultato di ciò è che spesso le persone hanno sorprendentemente meno accesso introspettivo al perché nascano certi giudizi o vengano prese certe decisioni in modo automatico. Ad esempio, una faccia può essere percepita come attraente ed una affermazione come sarcastica, in modo automatico, senza alcuno sforzo.

È solo successivamente che il sistema controllato riflette su tale giudizio e cerca di sostenerlo con la logica.

F. Babiloni, V.M. Meroni, R. Soranzo, *Neuroeconomia, Neuromarketing e Processi decisionali*
© Springer, Milano, 2007

**Tabella 4.1** In questa tabella sono mostrate alcune caratteristiche dei processi decisionali implementati nel cervello dell'uomo, dai diversi sistemi che convivono in questo. Spiegazione nel testo

|                                                   | Cognitivi | Emozionali |
| ------------------------------------------------- | --------- | ---------- |
| Processi Controllati di Scelta:                   |           |            |
| • Seriali                                         | I         | II         |
| • Richiedono attenzione                           |           |            |
| • Possono essere evocati a piacere                |           |            |
| • Consentono un accesso introspettivo             |           |            |
| Processi Automatici di Scelta                     |           |            |
| • Paralleli                                       | III       | IV         |
| • Senza richiesta di attenzione                   |           |            |
| • Al di fuori del controllo conscio               |           |            |

I processi automatici e quelli controllati possono essere distinti con chiarezza facendo riferimento al luogo nel quale si originano all'interno del cervello (Lieberman et al., 2002). Le regioni che supportano l'attività cognitiva automatica sono concentrate nella parte posteriore (occipitale), superiore (parietale) e laterale (temporale) del cervello (si riveda per orientarsi la Figura 2.1 del capitolo 2 con la descrizione dei lobi cerebrali). L'amigdala, situata sotto la corteccia, è responsabile di molte risposte affettive automatiche, specialmente quelle che riguardano la paura e la rabbia.

Diverse ricerche neuroscientifiche hanno mostrato come alcuni dei processi automatici di scelta originano anche dalle regioni frontali (orbitali e prefrontali) del cervello (Damasio, 1998). In particolare la corteccia prefrontale è spesso chiamata la regione esecutiva cerebrale poiché riceve input dalla maggior parte delle altre regioni corticali, li integra per formare obiettivi a breve e lungo termine per il soggetto e pianifica le azioni che tengano conto di questi obiettivi. L'area prefrontale è la regione che si è maggiormente accresciuta nel corso dello sviluppo umano e che, di conseguenza, ci distingue in modo più significativo dai primati a noi più vicini (Manuck et al., 2003).

I processi automatici, siano essi cognitivi o emotivi, sono il modo normale di funzionamento del cervello. Questi processi sono attivi sempre, anche quando sogniamo, e costituiscono la maggior parte dell'attività elettrochimica del cervello. I processi controllati si verificano solo in particolari momenti, quando quelli automatici vengono interrotti, la qual cosa avviene nel momento in cui una persona deve affrontare un evento inaspettato, prendere una decisione o confrontarsi con qualsiasi tipo di problema.

La seconda distinzione, rappresentata dalle colonne 2 e 3 della tabella 4-I, è tra processi emotivi e cognitivi. Una distinzione di questo tipo è dominante nella psicologia contemporanea e nelle neuroscienze ed ha un riscontro storico fino ai tempi degli antichi greci e prima ancora (Platone descriveva le persone come se guidassero un carro trainato da due cavalli, la ragione e le emozioni che spesso prendono direzioni opposte). Zajonc (1998) definisce i processi cognitivi come quelli che rispondono alla domanda vero/falso ed i processi emotivi come quelli che motivano il comportamento di accettazione/rifiuto. I processi emotivi comprendono le emozioni come la rabbia, la tristezza e la vergogna, così come gli "affetti biologici" (Buck 1999) il panico, la fame e l'appetito sessuale.

## 4.1   I processi di scelta nella vita di ogni giorno

La maggior parte dei comportamenti discendono dall'interazione di tutti e quattro i quadranti della tabella 4-I. Si proverà nel seguito a interpretare un semplice processo decisionale di ogni giorno alla luce dei sistemi di scelta automatici e seriali che si sono sommariamente descritti nella tabella I. Supponiamo di stare in un ristorante per un pranzo di lavoro e di non amare particolarmente il pesce o gli scampi. Si avvicina un cameriere con un piatto di scampi, ordinato da un nostro compagno di lavoro. La prima attività cerebrale che si compie è quella di creare una immagine di ciò che c'è nel piatto che sta arrivando. Questo è un processo tipicamente automatico e cognitivo, situato nel quadrante III della tabella I. Infatti tramite il nervo ottico l'immagine arriva nella corteccia occipitale (si riveda la Fig. 2.1 del capitolo 2 per la sua localizzazione), e tramite una serie di processi in cascata tale immagine arriva nella corteccia e nel lobo temporale in cui viene contrapposta a una serie di immagini memorizzate per "riconoscere" il piatto di scampi. Il processo di generazione dell'immagine corticale e del riconoscimento del piatto di scampi è straordinariamente complicato, eppure viene normalmente eseguito in qualche decimo di secondo.

Successivamente, entra in gioco il contenuto emozionale dell'immagine di scampi che il cameriere sta portando. In qualche maniera dopo aver formato e riconosciuto cognitivamente all'interno di sé una immagine del piatto di scampi si "interagisce" emotivamente con questa. L'operazione è tipicamente situata nel quadrante IV della tabella I, in quanto vengono generati processi automatici legati alla componente emozionale suscitata dall'immagine ormai al centro della nostra attenzione temporanea. Il "riconoscimento" del piatto di scampi, eseguito dall'area cerebrale posta nel nostro lobo temporale non offre nessuna particolare informazione circa il "sapore" o la salienza che tale immagine ha nel nostro vissuto particolare. Le informazioni circa il cibo, la sua qualità vengono inviate nella corteccia orbitofrontale, situata nel lobo frontale (si veda la localizzazione anatomica nella Fig. 2.1, capitolo 2). È la corteccia orbitofrontale che stabilisce il valore di ricompensa del cibo. Tale valore dipende da molti fattori, in particolare dalla particolare storia personale con gli scampi. Per esempio, una eventuale esperienza negativa con gli scampi (una precedente leggerissima intossicazione da questi, per esempio) potrebbe determinare una inconscia e automatica avversione per tale piatto. In questo contesto l'amigdala ha un ruolo particolarmente importante, dato che media i processi di apprendimento a lungo termine con i connotati di particolare disgusto o avversione. D'altra parte, il valore obbiettivo della portata di scampi che si avvicina a noi dipende anche dal livello di fame sperimentato in quel momento, dato che è noto che le persone affamate possono mangiare praticamente qualsiasi cosa. Le strutture cerebrali chiamate a fornire il valore o salienza alla immagine del cibo che il cameriere sta portando sul piatto sono la corteccia orbitofrontale e la regione subcorticale chiamata ipotalamo, rappresentate in Figure 2.1 e 2.4 del capitolo 2, rispettivamente. In particolare, è stato dimostrato come i neuroni nella regione ipotalamica abbiano una attivazione più rapida alla vista o al gusto del cibo quando si è affamati che non quando non lo si è. Che accade degli altri processi coscienti? Spesso le decisioni sul piatto di portata finiscono prima che le componenti razionali (rappresentate nella Tabella 1 dalla prima riga, riquadri I e II) inizino a lavorare. Se si è affamati e gli scampi sono il piatto favorito, i processi automatici nel quadrante III e IV porteranno automaticamente a raggiungere gli scampi (azioni sotto il controllo dei processi automatici cognitivi, in quanto si tratta di raggiungere un obiettivo tramite la coordinazione motoria, processo rappresentato dal quadrante III), e mangiarlo di gusto, tramite i processi emozionali automatici rappresentanti nel quadrante IV della tabella. Tuttavia, al ristorante e in occasioni "sociali", il comportamento automatico e spontaneo può essere mediato da riflessioni più "razionali". Ad esempio, la conoscenza di alcuni rischi legati alla consumazione di scampi in certe zone dell'Italia potrebbe essere di freno a prendere e consumare la portata, oppure la conoscenza razionale che gli altri commensali invece gradiscono molto questo pasto potrebbe spingere a prendere lo stesso la portata anche se la cosa non è di proprio gradimento. Quindi, il processo decisionale sull'opportunità o meno di mangiare scampi al ristorante, si basa si basa su un ragionamento che tenta di anticipare le sensazioni (proprie e dei commensali) rappresentando nella parte del cervello chiamato ippocampo gli input del sistema emotivo e le anticipazioni della corteccia prefrontale.

Gli studiosi di economia hanno catturato le parti di questo processo che sono meglio descritte dal quadrante I. Nel capitolo successivo verranno offerti ulteriori dettagli circa i processi automatici ed affettivi nei quadranti II-IV e verranno descritte le modalità di interazione tra i processi nei quattro quadranti.

# Capitolo 5

# Caratteristiche dei processi decisionali automatici

In questo capitolo del libro rivisitiamo alcuni principi fondamentali del funzionamento cerebrale che caratterizzano i processi automatici. Tra essi è possibile annoverare il *parallelismo*, la *plasticità*, la *modularità* e la *specializzazione*. Per essere più precisi si potrebbe dire che la maggior parte delle elaborazioni cerebrali implicano processi che avvengono in parallelo ed il cervello subisce cambiamenti fisici a causa di questi processi. In questo contesto si definisce come modulo neuronale un insieme di neuroni che svolgono un determinato compito di analisi di diverse qualità dell'informazione afferente, come per esempio il colore, il suono, etc. Tipicamente il cervello lavora su molteplici moduli neuronali simultaneamente per eseguire funzioni specifiche ed è in grado di usare i moduli esistenti per eseguire nuovi compiti in modo efficiente, a prescindere dalle funzioni per svolgere le quali tali moduli si siano sviluppati.

## 5.1  Parallelismo

Nella corteccia cerebrale ciascun neurone riceve e genera connessioni con circa 100.000 altri neuroni, in una organizzazione a rete altamente efficiente. Questo parallelismo, segno evidente di una elevata elaborazione automatica, facilita la rapidità di risposta e fornisce al cervello una considerevole potenza quando si presentano alcuni tipi di compito importanti per la sopravvivenza dell'individuo stesso, come ad esempio l'identificazione visiva per il riconoscimento di potenziali pericoli nell'ambiente circostante l'individuo. I modelli delle reti neurali sviluppati dagli psicologi cognitivi (Rumelhart e McClelland 1986) catturano questa caratteristica del cervello e sono stati applicati in molti campi della scienza e della matematica applicata, dal riconoscimento delle banconote in un distributore automatico alla previsione delle fluttuazioni del mercato mobiliare. I modelli di questo tipo hanno una struttura molto differente rispet-

F. Babiloni, V.M. Meroni, R. Soranzo, *Neuroeconomia, Neuromarketing e Processi decisionali*
© Springer, Milano, 2007

to ai sistemi di equazioni con i quali gli economisti generalmente lavorano. Diversamente dai sistemi di equazioni queste reti neurali artificiali sono scatole nere - è impossibile avere una idea intuitiva di cosa esse stiano facendo solamente dalla semplice osservazione di singoli parametri di tali reti. Il parallelismo supporta il cervello con notevole potenza poiché consente una elaborazione multitask voluminosa e inoltre fornisce una ridondanza computazionale che diminuisce la vulnerabilità del cervello stesso al danno in qualche sua area, come è possibile osservare quando un paziente colpito da ictus progressivamente riprende l'uso della mano o della gamba che originariamente era stata colpita da paralisi. Come risultato di questa ridondanza funzionale, quando i neuroni vengono progressivamente distrutti in una regione cerebrale, le conseguenze sono graduali piuttosto che improvvise, data la possibilità di aprire circuiti paralleli a quelli lesionati per il funzionamento di particolari moduli cerebrali.

## 5.2  Plasticità

Il funzionamento cognitivo opera attraverso interazioni elettrochimiche tra neuroni. In un processo identificato per la prima volta dal neuroscienziato Donald Hebb (1949), quando i segnali viaggiano ripetutamente da un neurone all'altro, la connettività tra questi neuroni si intensifica. Allo stesso modo in cui i muscoli e gli organi del corpo si modificano in funzione della attività corporea (o inattività), il cervello si modifica fisiologicamente come risultato delle operazioni che esso esegue. Ad esempio, i violinisti che digitano le corde del violino con la loro mano sinistra presentano un maggiore sviluppo delle regioni corticali connesse al movimento della mano sinistra rispetto alle persone normali non musiciste; le regioni responsabili dell'orientamento e della memoria spaziale dei guidatori di taxi londinesi sono più grandi rispetto alla corrispondenti aree di coloro che non passano ore intere guidando per la città. La plasticità, così come il parallelismo, diminuisce la vulnerabilità del cervello ai danneggiamenti strutturali permettendo un migliore recupero da incidenti cerebrali specialmente in soggetti in giovane età. In uno studio che illustra l'importanza della plasticità, i nervi ottici di alcuni furetti sono stati sezionati alla nascita e connessi successivamente alla loro corteccia auditiva, che è quella porzione di cervello che elabora il suono. Successivamente a questo intervento i furetti hanno imparato a vedere utilizzando la corteccia auditiva ed alcuni neuroni di questa regione corticale hanno assunto le caratteristiche fisiche dei neuroni della corteccia visiva. In questo particolare studio la scelta dei furetti è stata giustificata dal fatto che essi, come gli esseri umani, nascono in uno stadio relativamente poco sviluppato ed il loro cervello è caratterizzato da un elevato grado di plasticità e adattabilità come quello umano.

Le teorie standard che riguardano l'elaborazione dell'informazione ipotizzano che le persone possono ignorare l'effetto dell'informazione superflua oppure sono in grado di cancellare l'effetto dell'informazione ridondante o falsa. Tuttavia, ci sono molte prove che violano questi principi. Le persone tendono a credere ai messaggi che sono ripetuti, anche se nel corso di ciascuna ripetizione si rendono conto della falsità del messaggio stesso (Gilbert e Gill 2000). Quando le persone si fanno una opinione basata su evidenze che successivamente vengono smentite in modo definitivo, l'opinione fondata sulle evidenze smentite continua a persistere (Ross et al., 1975). Infine, le persone sono generalmente soggette alla "maledizione della conoscenza" tale che, una volta appreso che qualcosa è vero o falso, essi esagerano il grado con il quale gli altri lo devono sapere.

## 5.3  Modularità

I neuroni che occupano differenti parti del cervello hanno differenti forme e strutture, differenti proprietà funzionali, e tendono ad aggregarsi reciprocamente a formare un discreto numero di moduli, ciascuno dei quali caratterizzato da una funzione specifica. Come già accennato nel capitolo 2 gli sviluppi delle neuroscienze hanno permesso di associare delle funzioni fisiologiche ben conosciute a circoscritte aree cerebrali. Per esempio, sappiamo oggi che le aree di Broca e Wernicke nella corteccia cerebrale sono fortemente coinvolte nei processi di comprensione e formulazione del linguaggio. Oltre alla scoperta della struttura modulare del cervello, le neuroscienze hanno condotto alla scoperta di nuovi moduli funzionali in aggiunta ai moduli standard, come quelli responsabili del riconoscimento visivo, del linguaggio e così via. Alcuni di questi moduli sono veramente sorprendenti; ad esempio, durante una operazione neurochirurgia su una paziente epilettica venne scoperta una piccola regione del cervello che, se stimulata, causava le risa della paziente stessa (Fried 1998), indicando l'esistenza di un "humor module". Forse più sorprendentemente, i neuroscienziati hanno localizzato una area del lobo temporale che se stimolata elettricamente produce un intenso sentimento religioso - ad esempio, la sensazione di una presenza santa, se non addirittura le visioni di Dio o Cristo, anche in persone non particolarmente religiose (Persinger e Healey 2002).

Molti neuroscienziati credono che esista nel nostro cervello un modulo specializzato nella "mentalizzazione" (o teoria della mente), responsabile dei pensieri di un soggetto su cosa le altre persone credano, sentano o potrebbero fare. Il primo indizio dell'esistenza di un modulo così specializzato viene da alcuni test eseguiti da psicologi del comportamento durante i quali veniva mostrato un oggetto in procinto di essere spostato a due bambini. Un bambino poi veniva allontanato e l'altro osservava il modo in cui l'oggetto veniva spostato nella nuova posizione. Al bambino rimasto nella stanza veniva poi chiesto di immaginare dove il bambino che era uscito avrebbe guardato al suo ritorno per cercare l'oggetto. I bambini normali sono tipicamente in grado di risolvere questo problema dall'età di tre o quattro anni. I bambini autistici riescono a raggiungere la soluzione solo molto più tardi (8-12 anni), e attraverso grandi difficoltà nonostante abbiano una intelligenza normale o addirittura superiore alla media (specialmente quelli con la sindrome di Asperger). Allo stesso modo il bambino autistico non avrà alcuna difficoltà con ragionamenti di tipo più generale ma aventi la stessa forma logica (ad esempio, se viene scattata una foto della posizione dell'oggetto e quindi esso viene spostato, egli sarà in grado di capire correttamente che nella foto è rappresentato l'oggetto nella vecchia posizione, prima che esso venga spostato). Gli individui autistici adulti possono supplire in diverse maniere ed eventualmente anche superare questi test basilari di ragionamento.

Tuttavia, hanno difficoltà ad apprezzare molti significati sociali, come ad esempio l'ironia. Gli individui con la sindrome di Asperger che presentano problemi di ragionamento mostrano una minore attivazione delle regioni prefrontali mediali se comparati con soggetti normali, ed una maggiore attivazione nelle regioni adiacenti, soprattutto la regione inferiore della corteccia prefrontale, che sono normalmente responsabili dei processi più generali di ragionamento (Happe et al., 1996). La naturale interpretazione di queste evidenze è che gli individui affetti dalla sindrome di Asperger deducono la soluzione attraverso un complesso processo di ragionamento invece di generarla direttamente con un modulo neuronale specializzato. Nella letteratura medica è possibile trovare pazienti con lesioni cerebrali che presentano difficoltà nell'esecuzione di compiti di ragionamento ma non ne hanno riguardo ad altri compiti cognitivi. Questo è consistente con l'ipotesi di un modulo di ragionamento scomponibile, come quello descritto nelle pagine precedenti.

La possibilità dell'esistenza di un modulo di ragionamento ha guadagnato credibilità dalla coerenza delle evidenze neuroscientifiche raccolte nel corso degli ultimi anni. Gli studi di risonanza magnetica funzionale hanno mostrato che ponendo a soggetti adulti normali una coppia di problemi decisionali molto simili tra loro, differenti solo nel fatto che venisse richiesto un certo ragionamento oppure no, il problema caratterizzato dalla richiesta di ragionamento portava ad una maggiore attivazione della corteccia prefrontale sinistra (Fletcher et al. 1995). La prova definitiva sarebbe quella di identificare una popolazione neuronale che sia specificatamente votata all'attività di ragionamento nell'uomo.

Le neuroscienze ancora non sono arrivate a determinare esattamente tali popolazioni neuronali, ma delle recenti registrazioni a singolo neurone nelle scimmie eseguite dal gruppo italiano del prof. Rizzolatti a Parma hanno permesso di evidenziare una classe di neuroni detti "a specchio" nella corteccia prefrontale delle scimmie che si attivano nello stesso modo sia quando lo sperimentatore compie un particolare gesto (come ad esempio sbucciare una nocciolina) sia quando la scimmia stessa riesegue la medesima azione. Tali neuroni permettono l'apprendimento attraverso la semplice imitazione e sostengono la lettura della mente simulando internamente l'espressione facciale assunta dagli altri.

Che tipo di rilevanza può avere tutto ciò in termini economici? La teoria economica assume che un individuo è in grado di ragionare, ad esempio, fare delle ipotesi partendo dalle azioni degli altri fino ad arrivare alla conoscenza delle loro preferenze e alle loro convinzioni. Il ragionamento è effettivamente una speciale abilità e, come abbiamo visto, il ragionamento di tipo logico-deduttivo può solo in parte compensare la sua assenza. Inoltre, non è sorprendente trovare individui normali caratterizzati da differenti abilità di ragionamento. In effetti, in uno dei primi studi congiunti condotti dagli economisti e dai neuroscienziati, McCabe ha ipotizzato che il ragionamento fosse importante nei giochi concernenti la fiducia e la cooperazione, mostrando che i giocatori caratterizzati da atteggiamenti più cooperativi presentavano una maggiore attività cerebrale nell'area 10 di Brodmann che si pensa sia la sede del ragionamento (si riveda la Fig. 2.2 capitolo 2 per la localizzazione dell'area 10 in zona orbitofrontale) ed una maggiore attività nel sistema limbico che elabora le emozioni rispetto a quelli che avevano uno stile di gioco meno cooperativo.

# 5.4 Specializzazione

Nel corso di un processo che non è ancora stato completamente chiarito dai neuroscienziati, il cervello si prepara ad eseguire il compito che gli è stato assegnato, in modo efficiente, utilizzando i moduli neuronali che ha a disposizione. Quando il cervello si trova davanti ad un nuovo problema, esso si appoggia in modo pesante su un gran numero di moduli neuronali, che spesso includono anche la corteccia prefrontale. Se il problema si ripete nel tempo, la reazione cerebrale diviene più veloce, coinvolgendo moduli che si via via si specializzano nell'elaborazione di particolari compiti. Ad esempio, in uno studio eseguito recentemente i cervelli dei soggetti venivano analizzati mediante tecniche di brain imaging mentre essi erano impegnati a giocare a tennis in un computer-game, cosa che richiedeva una rapida coordinazione mano-occhio ed un buon coordinamento spaziale. Quando i soggetti iniziavano a giocare, essi erano altamente reattivi e molte parti del cervello erano attive. Nel momento in cui miglioravano nel gioco, il flusso sanguigno complessivo del cervello decresceva in maniera marcata e l'attività cerebrale poteva essere localizzata in poche regioni del cervello. Così come il mercato si adatta idealmente all'introduzione di un nuovo prodotto spostando la produzione gradualmente verso le industrie in grado di produrre i migliori beni in modo più economico sfruttando l'esperienza orientata al problema, il cervello sembra gradualmente spostarsi verso moduli in grado di risolvere i problemi in modo automatico ed efficiente con minor sforzo. Questo vale anche per i processi produttivi relativi all'attività umana. All'inizio del secondo conflitto mondiale, il tempo per la costruzione di un nuovo incrociatore veniva stimato in un anno e mezzo da parte dello stato maggiore USA. Al termine del conflitto, veniva prodotto un incrociatore leggero ogni tre mesi, a causa dell'ottimizzazione dei processi produttivi. In pratica fu osservato che molti processi decisionali che occupavano gran parte del tempo da parte delle strutture di vertice dell'organizzazione venivano alla fine demandate agli strati più bassi dell'organizzazione gerarchica, in quanto non c'erano particolari decisioni "differenti da quelle usualmente prese" che dovessero essere generate. Questo esempio fa capire come il processo di automatizzazione e ottimizzazione delle risorse sia un processo che avviene su diverse scale spaziali, dall'organizzazione neuronale a quella di centinaia di persone. Ritornando a parlare di organizzazione neuronale, in uno studio ora famoso, Gobet e Simon nel 1996 hanno testato la memoria per le configurazioni delle pedine degli scacchi posizionati sulla scacchiera. Hanno scoperto che gli esperti giocatori di scacchi erano in grado di memorizzare le posizioni dei giocatori quasi istantaneamente - ma solo se essi si trovavano in posizioni corrispondenti ad un gioco plausibile. Invece, nel caso di scacchi posizionati in maniera casuale, i giocatori esperti non li ricordavano molto meglio dei principianti. Una ricerca più recente sui processi decisionali ha suggerito che questo è un fenomeno sicuramente più generale; la maggior parte dei processi decisionali è più assimilabile ad un riconoscimento di una situazione piuttosto che ad una esplicita valutazione dei costi e dei benefici.

## 5.5    Automaticità

Gli studiosi di economia assumono nei loro modelli in modo implicito che le persone
hanno capacità cognitive generali che possono essere applicate a qualsiasi tipo di problema. Inoltre assumono che queste persone si comporteranno in maniera equivalente
nei confronti dei problemi che si presentano con stesse caratteristiche. L'automaticità, al
contrario, suggerisce che il modo di agire dipenderà in maniera critica da come un particolare problema può essere analizzato dal particolare modulo neuronale che ben si adatta a quel tipo di analisi. Quando esiste un modulo neuronale specializzato ed è applicato ad un particolare compito, l'elaborazione è rapida ed il compito viene svolto relativamente senza sforzi. I processi automatici implicati nella visione, per esempio, sono immediati ed avvengono senza la sensazione di sforzo mentale in modo tale che le persone
rimangono all'oscuro di quanto potente e sofisticato sia il processo che permette loro di
vedere. Come regola generale, noi dovremmo aspettarci che le persone siano "geni"
quando si trovano ad affrontare problemi che possono essere, e sono, elaborati con moduli neuronali dedicati ma relativamente "lente" quando sono obbligate a relazionarsi con
i processi controllati e sequenziali, nel caso debbano affrontare un problema nuovo.
Sapere come il cervello risolve i problemi - e quali moduli neuronali specializzati ha a disposizione per farlo - cambierà il nostro modo di comprendere come le persone si diffe-
renzino l'una dall'altra rispetto al loro comportamento in materia economica. Gli economisti,
attualmente, utilizzano un approccio al comportamento umano con teoremi " time preference, risk preference e altruism" che si mantengono stabili nel tempo e che si assume
costanti nelle varie attività della vita. Al contrario, le prove empiriche mostrano che l'assunzione del rischio, il risparmio del tempo e l'altruismo sono molto poco correlate fra
una situazione di vita e l'altra in ogni persona. Tale inconsistenza potrebbe derivare dal
fatto che noi utilizziamo un insieme errato di teorie per cercare di comprendere il modo
nel quale le persone si differenziano fra di loro. Di conseguenza, così come non vi è alcun
modulo neuronale che è direttamente associabile alle preferenze temporali, potrebbero esserci dei moduli neuronali responsabili per differenti dimensioni di preferenze temporali.
Per esempio, per inibire il comportamento guidato dall'emozione e per valutare le future conseguenze di qualche azione da eseguire in un ristretto lasso di tempo.
La combinazione del sistema emozionale e dei moduli neuronali specializzati fornisce un linguaggio neurale per la comprensione del proprio comportamento in un
certo contesto. Per esempio, la scelta fra la medesima coppia di prospettive sicure o
rischiose è sostanzialmente influenzata da quale decisione è descritta come gioco
d'azzardo, nel caso in cui le persone sono in cerca del rischio, o come assicurazio-
ne - nel caso in cui sono avverse al rischio. Nei giochi di mercato, i giocatori che
ricevono una non equa porzione di una determinato dividendo sono più disposti ad
accettarlo se questa viene descritta come l'alto prezzo da pagare al venditore mono-
polista. Le decisioni degli esperti sulla modalità di trattamento del cancro con radia-
zioni o con chirurgia cambiano a seconda di come i risultati di questi trattamenti
sono espressi in percentuale di morte o di sopravvivenza. Se le decisioni sono prese
attraverso il riconoscimento di situazioni opportune da parte di alcuni moduli neuronali
specializzati, allora le caratteristiche contestuali della situazione stessa possono portare a cambiamenti di comportamento che non sono giustificati da cambiamenti in

incentivi economici. Ad esempio, in un asilo fu istituita una piccola multa quando i genitori ritardavano nel prelievo dei figli alla fine della giornata. Quando non era stata istituita la multa, le persone erano spinte dal prelevare in tempo il proprio figlio per una questione di reciproca civiltà e convivenza con gli insegnanti dell'asilo. Ma quando entrò in vigore tale multa per il prelievo tardivo dei figli, allora molti genitori decisero che quello era il prezzo per poter prelevare i figli più tardi e così fecero. In questo caso quindi ci fu un grande cambiamento di comportamento in corrispondenza ad un modesta variazione economica.

## 5.6  Processi emozionali

Capire il modo in cui il cervello si è evoluto è una cosa fondamentale per capire il comportamento umano attuale. In molti ambiti, come il mangiare, il bere, persino l'uso di droghe, il comportamento umano rassomiglia a quello dei nostri più stretti primati mammiferi. Questa cosa che non deve sorprendere poiché dividiamo con tali primati molti meccanismi neurali comuni, che oggi sappiamo dalle ricerche in neuroscienze essere ampiamente responsabili per questi comportamenti. Molti dei processi che accadono nei nostri sistemi neurali, così come in quelli dei primati, sono emozionali piuttosto che cognitivi; essi fanno direttamente riferimento alla motivazione e coinvolgono una serie di aree cerebrali descritte in precedenza nel capitolo 2 con il nome di sistema limbico. Queste considerazioni potrebbero essere percepite come "troppo accademiche" o "troppo da neuroscienziati" da parte della scienza economica. Va però osservato che i principi che guidano il sistema emozionale ed il modo in cui esso opera sono così tanto in disaccordo con il concetto economico standard di comportamento da mettere in discussione la base stessa dei modelli matematici che la scienza economica impiega per descrivere le interazioni economiche fra diversi soggetti. Esiste una storiella in merito a questa divisione di orientamenti fra le teorie economiche e quelle emozionali. Immaginiamo di chiedere a qualsiasi persona conosciamo di partecipare ad un piccolo gioco, che sarà illustrativo di come l'approccio di massimizzazione del profitto che si prende come base in economia per motivare le scelte del soggetto non valga sempre. Il gioco ha questa regola: potete offrire al vostro compagno di dividere una moneta, per esempio una moneta da 1 euro; se il vostro compagno accetta l'offerta di divisione da voi fatta, allora lui e voi intascate la parte convenuta. Se il vostro compagno rifiuta l'offerta, allora nessuno dei due intasca nulla. Iniziate ad offrire al vostro compagno 10 centesimi tenendo per voi 90 centesimi. È quasi sicuro che il vostro compagno rifiuterà l'offerta e ambedue perderete la quota proposta di denaro. Se ripetete l'offerta con 12 centesimi per il compagno e 88 per voi ancora al 90% il vostro compagno rifiuterà l'offerta, fino ad arrivare ad accettarle per quote all'incirca fra il 25-35% della cifra offerta. Questo comportamento del vostro compagno, giustificato emozionalmente da concetti di equità e giustizia (e quindi generato emozionalmente) avviene a scapito della possibilità di avere comunque un ritorno economico, come invece sarebbe dovuto essere nel caso in cui fosse stata valida la teoria economica della massimizzazione del profitto da parte del soggetto (che è la base di partenza per molte teorie economiche). Ciò significa che la modellizzazione del mondo (limitatamente alle persone) che viene al momento fatta dalle teorie economiche può essere di molto migliorata considerando le caratteristiche emozionali dei soggetti.

## 5.7  Omeostasi

Al fine di comprendere il modo nel quale opera il nostro sistema emozionale, bisogna ricordarsi che gli esseri umani non si sono evoluti per essere felici, ma per sopravvivere e riprodursi. Un importante processo attraverso cui il corpo cerca di ottenere questo obiettivo è chiamato omeostasi. L'omeostasi coinvolge dei rivelatori che innescano un meccanismo di controllo sullo stato del corpo ed un meccanismo di riequilibrio nel caso in cui tale equilibrio venga perso. La maggior parte di questi meccanismi non implica azioni volontarie, ed agisce in maniera assolutamente inconscia nel nostro organismo. Così, quando la temperatura del corpo va al di sopra dei 37 C, il sangue tende ad affluire dall'interno verso l'estremità e si inizia a sudare. Al contrario, altri processi implicano azioni volontarie: per esempio, indossare una giacca quando è freddo o accendere l'aria condizionata quando è caldo. Il cervello spinge una persona ad agire in tal modo utilizzando sia il bastone che la carota. Il bastone riflette il fatto che ogniqualvolta si perde il punto di equilibrio, ci si sente male. Per esempio, si soffre il caldo ed il freddo e queste sensazioni negative spingono la persona a porre in essere quelle azioni che gli permettano di raggiungere nuovamente il punto di equilibrio. La carota è il processo chiamato allestesia dove le azioni che spingono un individuo verso il punto di equilibrio vengono percepite dal soggetto stesso come piacevoli. Così, quando la temperatura del corpo di una persona scende al di sotto dei 37 C, tutte le cose che permettono di alzare la temperatura corporea - come ad esempio mettere le mani nell'acqua calda - appaiono piacevoli, così come d'altra parte quando la temperatura del corpo è troppo elevata provoca piacere tutto ciò che permette di abbassarla. *Il ruolo dell'omeostasi nel comportamento umano provoca un fondamentale cambiamento nel concetto economico di comportamento.*

Così come gli economisti, noi siamo abituati a pensare alle preferenze come il punto di partenza del comportamento umano ed il comportamento come punto di arrivo. La prospettiva neuroscientifica, invece, vede il comportamento esplicito solo come uno dei tanti meccanismi che il cervello utilizza per mantenere l'omeostasi e le preferenze come variabili di stato passeggere che assicurano la sopravvivenza e la riproduzione. Il concetto economico standard di comportamento, che assume che gli esseri umani agiscono in modo da ottimizzare le loro preferenze, inizia nel mezzo o forse anche verso la fine del concetto neuroscientifico. Piuttosto che vedere il piacere come l'obiettivo del comportamento umano, un punto di vista più realistico vede il piacere come un importante segnale di informazione per il sistema. Infatti, una caratteristica importante di molti sistemi omeostatici è che essi sono altamente sensibili ai cambiamenti delle variabili da controllare piuttosto che ai loro livelli statici. Una drammatica dimostrazione di una tale sensibilità ai cambiamenti viene dagli studi su singoli neuroni nelle scimmie. In un particolare esperimento è stata misurata in tali primati l'attivazione dei neuroni in una struttura cerebrale posta al centro del cervello, detta corpo striato ventrale, che è nota giocare un importante ruolo nella azione e nella motivazione dell'animale stesso. In accordo al paradigma sperimentale eseguito in tale studio, veniva prima prodotto un suono e due secondi più tardi veniva somministrata all'animale una ricompensa a base di aranciata. Inizialmente i neuroni del corpo striato non si attivavano (cioè non iniziavano la loro attività nervosa sostenuta) fino a che l'aranciata non veniva data. Una volta che l'animale aveva imparato che il suono anticipava l'arrivo dell'aranciata due secondi più tardi, gli stessi neuroni si attivavano con il suono, ma non quando la ricompensa di aranciata veniva data. Questi neuroni, cioè, non reagivano alla ricompensa o alla sua assenza, bensì in risposta ad un'aspettativa. Quando il succo era atteso dopo il suono ma non veniva somministrato, i neuroni presentavano un'attivazione minore come sintomo di disapprovazione. La stessa situazione può essere osservata a livello comportamentale negli animali che lavorano duro per un breve periodo di tempo allorché improvvisamente viene aumentato il rinforzo. Questo aumento di ricompensa causa subito le rimostranze degli animali (nel senso di un vero e proprio sciopero lavorativo) quando questo viene successivamente levato dallo sperimentatore.

La sensibilità neurale ai cambiamenti è probabilmente importante anche negli umani per spiegare perché la valutazione del gioco d'azzardo dipende da un punto di riferimento che codifica quando un'uscita è un guadagno o una perdita, perché la sensazione di felicità - così come indicatori comportamentali quali il suicidio - può dipendere dai *cambiamenti* delle entrate e della ricchezza piuttosto che dal livello degli stessi e perché le violazioni delle aspettative causano potenti risposte emozionali.

Gli studiosi di economia, di solito, vedono il comportamento come ricerca di piacere (o, equivalentemente, fuga dal dolore). Tuttavia, le neuroscienze ed altre aree della psicologia suggeriscono che il compimento di una azione non è necessariamente connesso ad uno scopo piacevole. Ken Berridge, un neuroscienziato dell'università del Michigan, sostiene che i processi decisionali implicano l'interazione di due sistemi distinti, uno responsabile del piacere e del dolore, l'altro responsabile dell'aspetto volitivo (wanting system). L'interazione di tali sistemi è stata descritta anche recentemente (Knutson et al., 2007) in uno studio sulle attivazioni neuronali che sostengono l'acquisto di particolari beni. In tale studio (citato anche più avanti nel libro) si è registrata l'attività cerebrale mediante fMRI di un gruppo di soggetti sperimentali durante la scelta di acquistare una serie di prodotti sulla base di un budget predeterminato. È stato visto che durante la visione semplicemente del prodotto, l'accensione di particolari aree corticali (in particolare il Nucleus Accumben; NAcc) era correlata e precedeva la "decisione" del soggetto sperimentale di acquistare l'oggetto visionato. Il NAcc è una area cerebrale molto attiva durante i processi che generano piacere nell'individuo (come sesso o prospettive di guadagno economico, solo per citarne alcuni). Altresì, successivamente all'esposizione del prezzo dell'oggetto, e prima della esplicitazione da parte del soggetto circa l'acquisto o meno dello stesso, è stato osservato come l'attivazione dell'insula (una parte della corteccia cerebrale situata vicino ai lobi temporali) correlasse molto bene con la decisione di non procedere con l'acquisto. Tale area corticale (insula) è molto attiva nei processi di aspettativa del dolore. Effettivamente, quindi, in questo studio tali sistemi di piacere e dolore (NAcc e insula) si fronteggiavano per la decisione dell'acquisto o meno dell'oggetto proposto. Inoltre, il sistema volitivo in questo caso era identificato nella corteccia prefrontale mesiale, situata al centro della struttura cerebrale, in mezzo alla corteccia prefrontale (si vedano le Figure del capitolo 2 per orientarsi nella localizzazione di queste aree).

L'esistenza di questi sistemi neurali che interagiscono fra loro per determinare l'azione da parte del soggetto getta una luce diversa sulle regole fondamentali della teoria economica secondo la quale un individuo si sforza solo per ottenere le cose che gradisce. Berridge scoprì che alcune lesioni ed interventi farmacologici possono aumentare in maniera selettiva la disponibilità dei topi a lavorare per ottenere del cibo, senza cambiare il piacere nel mangiare il cibo o il desiderio di lavorare in generale. Come si può sapere quanto piacere arreca il cibo indipendentemente da quanto il topo sia disposto a lavorare per ottenerlo? Fortunatamente le espressioni facciali degli animali rivelano con una certa precisione se qualcosa ha un buon sapore, uno cattivo o indifferente. Nel linguaggio economico, gli sperimentatori creano una situazione in cui l'utilità del cibo e la non utilità del lavoro rimangono le stesse ma la quantità di lavoro necessaria ad ottenere la ricompensa aumenta. Questo implica che è possibile essere motivati a svolgere azioni nonostante queste non arrechino un gran vantaggio. Berridge credeva che le fasi avanzate di molte dipendenze alla droga fossero esempi di situazioni di cosa significhi il volere senza il piacere. La dipendenza da droga spesso è caratterizzata dall'assenza di piacere nell'assunzione della droga stessa accompagnata da un'irresistibile motivazione a drogarsi. In effetti è difficile immaginare l'esistenza delle moderne attività di servizi psicoterapeutici se l'essere umano non avesse mai affrontato il problema del volere senza il piacere. Altri esempi di situazioni nelle quali sembra mancare un nesso tra le motivazioni di una persona ad ottenere qualcosa ed il piacere che la stessa persona trae dall'usufruirne sono la curiosità ed il sesso. Gli studiosi di economia concordano nel ritenere che soddisfare le esigenze delle persone è una buona cosa. Mentre questo è probabilmente un sicuro assunto, in generale se il volere ed il piacere sono due processi separati, allora non si può assumere che soddisfare i desideri di qualcuno necessariamente lo faccia stare meglio. Gli studi economici dovrebbero essere integrati con un'analisi su quando e perché il volere ed il piacere divergono.

# Capitolo 6

# Memoria e sistemi decisionali per la neuroeconomia e il neuromarketing

Nei capitoli precedenti abbiamo visto come sia possibile avere una indicazione dell'attività cerebrale durante compiti cognitivi avvalendosi di moderne tecniche di brain imaging (cap. 3). Abbiamo poi visto come il nostro cervello generi delle scelte nella vita di ogni giorno avvalendosi dell'attività simultanea di diverse strutture neuronali che lavorano in parallelo (cap. 4 e 5). In questo capitolo vogliamo descrivere alcuni aspetti della capacità decisionale degli individui, cercando di rapportarla ai concetti di memoria e sistema decisionale emotivo che cercheremo di spiegare in seguito. La descrizione del sistema delle memorie sarà fatta da una prospettiva leggermente diversa da quella delle neuroscienze classica, cercando di agganciarla alla possibilità di memorizzare messaggi di tipo pubblicitario. Verranno inoltre presentate le strutture che si pensa possano essere maggiormente coinvolte nei processi decisionali relativi a fenomeni e compiti di una qualche interesse per quanto riguarda il campo della neuroeconomia. Una retrospettiva degli studi dell'attività cerebrale nell'ambito di tematiche di interesse per la neuroeconomia e l'introduzione al concetto di neuromarketing chiuderà il capitolo.

Questo capitolo è quindi fondamentale per preparare la descrizione dello studio sperimentale e dei suoi risultati che verrà proposto nel capitolo 7, sulla memorizzazione di spot commerciali televisivi.


## 6.1    I sistemi delle memorie in una prospettiva di marketing

Pubblicitari e scienziati hanno cercato di generare diversi modelli per poter descrivere il comportamento del consumatore in seguito alla esposizione di messaggi commerciali. Questo libro non è però la sede adatta per la trattazione approfondita di tali modelli. In questa sede possiamo solo schematizzare in maniera sufficientemente

F. Babiloni, V.M. Meroni, R. Soranzo, *Neuroeconomia, Neuromarketing e Processi decisionali*
© Springer, Milano, 2007

articolata quanto concordato dai maggiori specialisti del settore rimandando ad apposita bibliografia chi volesse approfondire ulteriormente l'argomento.

I modelli comportamentali del consumatore sono stati categorizzati, a seconda del tipo di approccio in "cognitivi", "comportamentali", "esperienziali". L'approccio maggiormente riconosciuto è quello *cognitivo* ed il comportamento dell'individuo viene pensato essere la risultante di un processo di elaborazione delle informazioni. D'altra parte, questa elaborazione è assolutamente soggettiva ed influenzata sia dal livello socioculturale dell'individuo sia in certi casi dalla sua dimensione affettiva e dallo stato emotivo del momento.

L'approccio **comportamentale** sostiene per contro che il comportamento del consumatore è indotto da stimoli ambientali e nega rilevanza ai processi mentali e cognitivi dell'individuo: si limita a mettere in relazione lo stimolo alla risposta e a proporre strumenti per la gestione di questa relazione.

L'approccio **esperienziale** è quello più radicalmente ancorato alla componente affettiva ed emotiva dei processi di consumo e data la sua recente espansione non ha prodotto modelli o schemi interpretativi unitari come gli approcci precedenti (Dalli-Romani).

Secondo il modello cognitivo, che come già detto rappresenta la prospettiva dominante all'interno della disciplina, ogni giorno ogni individuo è sottoposto a migliaia di stimoli che lo raggiungono.

> *"Una gran parte dei messaggi a cui l'individuo potenzialmente è esposto non viene recepita o perché dissonanti o perché scarsamente pregnanti o perché troppo deboli o dotati di scarsa emergenza percettiva; una parte può non essere decodificata e risultare perciò priva di conseguenze; una parte infine è decodificata ed entra a far parte, almeno temporaneamente, sotto forma di apprendimento, del campo psicologico."*(Fabris, 1968).

Dalla bibliografia noi sappiamo che esistono dei filtri, delle barriera all'ingresso che respingono la maggior parte di questi segnali. Nei processi cognitivi questi filtri sono rappresentati dalla coerenza e pregnanza dei codici e dal livello di attenzione dell'individuo.

Nella Figura 6.1 è rappresentato uno schema semplificato di un modello cognitivo. Gli stimoli esterni, provenienti dai 5 sensi, se suscitano interesse o sono coerenti con i codici dell'individuo, passano nella memoria sensoriale dove lo stimolo ha tuttavia una brevissima durata, dell'ordine di pochi secondi. In presenza di attenzione ed interesse gli stimoli della memoria sensoriale passano allora nella memoria a breve termine chiamata anche working memory (o memoria di lavoro) dove possono resistere per una durata di circa 20-30 secondi.

Perché lo stimolo rimanga per un tempo congruo nella memoria di lavoro (il tempo necessario affinché possa essere decodificato) è necessario che avvenga una ripetizione di mantenimento ed una ripetizione elaborativa. Di questo ci accorgiamo costantemente nella vita reale quando dobbiamo per esempio chiamare un numero di telefono che non abbiamo nella rubrica del nostro telefono cellulare. Senza la ripetizione mentale del numero di cellulare o anche quella esplicita non riusciremo neanche ad accendere il nostro cellulare prima di aver dimenticato il numero completamente. Una volta che allo stimolo viene attribuito un significa-

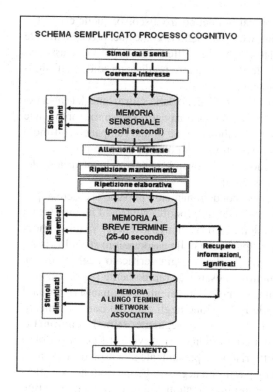

**Fig. 6.1** Schema di memorizzazione di eventi e stimoli esterni sulla base della loro rilevanza funzionale e emotiva

to (e da qui la nascita di atteggiamenti ed orientamenti all'azione), questo viene integrato nella memoria permanente, modificandola o più semplicemente modificando i network associativi presenti nel cervello, in forma di reti neuronali continuamente attive. In questa maniera le parti interessate del cervello sono continuamente sottoposte ad aggiornamenti, estensioni o contrazioni delle tracce mnestiche o engrammi.

Questo insieme di memorie viene spesso detta "**Memoria esplicita**". Come facilmente si può concordare, questo tipo di memoria è volontaria o quanto meno consapevole. Tuttavia non è molto capiente.

Per quanto riguarda l'approccio comportamentale, Dalli e Romani sostengono che il comportamento del consumatore è spesso indotto da stimoli ambientali e viene negata rilevanza ai processi mentali e cognitivi dell'individuo.

L'approccio comportamentale consiste nel creare associazioni tra stimoli e risposte indipendentemente dal processo mentale che può determinare un certo comportamento. In altri termini molte delle azioni che vengono compiute ogni giorno sono quasi "automatiche" e vengono compiute mediante un coinvolgimento del cervello che elude la coscienza, come già descritto nei capitoli 4 e 5. Premesso che alla base di un comportamento automatico o semiautomatico c'è comunque stato un processo di apprendimento, utilizziamo comunque il termine "condizionamento" per descrivere tale processo di apprendimento di una risposta automatica. È interessante poter descrivere due tipi di condizionamento ai fini del nostro discorso, quello classico e quello attivo. Il **condizionamento classico** si può definire come quel processo tramite il quale uno stimolo non condizionato che produce effetti conosciuti viene associato ad uno stimolo neutro fintanto che lo stimolo neutro produce da solo effetti simili a quelli dello stimolo non condizionato.

Nel caso del famoso esperimento di Pavlov (quello della salivazione del cane, del cibo e della campanella), il cibo (stimolo non condizionato) faceva salivare il cane (effetto non condizionato). Associando il cibo al suono di una campanella (stimolo neutro) si otteneva ancora il medesimo effetto. Se dopo un pò di tempo si provava a far suonare la campanella da sola (stimolo condizionato) si otteneva la salivazione del cane anche senza cibo (effetto condizionato).

Nel campo pubblicitario è noto che il condizionamento può anche essere applicato alle emozioni, per esempio associando un prodotto neutro ad un evento, un qualcosa che per il consumatore ha delle forti risonanze affettive. Va da sé che il condizionamento richiede una forte ripetizione delle associazioni stimolo-risposta. Ma si tenga presente, e Morgenzstern l'aveva già verificato negli anni '70, che tanto più uno stimolo è forte tanto più esaurisce rapidamente la propria efficacia e deve essere sostituito con uno stimolo equivalente. Per quanto riguarda il comportamento attivo questo accade in funzione degli esiti del comportamento attivato. Più in generale la flow chart logica è la seguente: **stimolo-comportamento-rinforzo**. Il responsabile del comportamento attivo è il tipo di rinforzo che si viene a generare. Se il prodotto risponde pienamente alle aspettative si avrà un rinforzo positivo, in caso contrario questi sarà negativo. Per prodotti noti ed affermati, ad acquisto frequente, ci troviamo prevalentemente di fronte a questo tipo di comportamento. Marc Vincent tuttavia non distingue tra i due tipi di comportamento condizionato. Più semplicemente parla di processi di comportamento parzialmente o per nulla sotto controllo del cervello (o la specifica struttura mentale di riferimento).

Un cenno ancora deve essere fatto per altri due agire di consumo, quello simbolico e quello impulsivo, che dipendono dalla sfera emozionale ed affettiva e che sono determinati in genere da un alto coinvolgimento cognitivo.

Gli stimoli ambientali possono avere influenza su certi tipi di comportamento, ma tutti quegli stimoli, e sono decine di migliaia, che ogni giorno ci circondano e ci colpiscono che fine fanno? Vengono tutti rifiutati? Noi generalmente non prestiamo attenzione alla maggior parte di questi stimoli ma il nostro cervello che cosa fa? Nell'ambito della ricerca pubblicitaria, degli studi in questa direzione sono cominciati negli anni '70 per merito di Krugman.

Storicamente i modelli pubblicitari più accreditati sono il DAGMAR (Awareness-Comprehension-Convinction-Action) e l'AIDA (Awareness-Interest-Decision-Action). Ma questi sono modelli che contemplano solo attività cognitiva. Alla luce delle sperimentazioni effettuate, Krugman nel 1971 introduce il concetto che poi verrà definito come **memoria implicita** relativa ai fenomeni a basso coinvolgimento. In quegli anni Krugman effettua una serie di esperimenti in cui sottopone un certo numero di persone alla visione di spot TV e alla lettura di giornali, registrandone al tempo stesso l'attività elettrica cerebrale mediante l'EEG. La differenziazione osservata fra i diversi ritmi EEG spinse Krugman ad ipotizzare differenti coinvolgimenti cerebrali durante queste l'attività di lettura e quella di osservazione della TV. Va osservato come a quei tempi l'analisi dei segnali EEG fosse abbastanza grossolana, a causa delle limitazioni tecniche esistenti. Comunque, da questi esperimenti emerse che l'attività cerebrale era caratterizzata da onde lente nel caso di osservazione della TV mentre le onde EEG apparivano molto più consistenti e veloci nel caso della lettura di riviste cartacee. Sebbene le conclusioni di quegli studi fossero viziate dalla scarsa tecnologia a disposizione per l'analisi dei segnali EEG, l'approccio eseguito da quegli Autori fu innovativo. Quasi 20 anni di ricerca neuroscientifica di base, generata principalmente con la fMRI ha mostrato come la percezione delle informazioni e la particolare codifica e memorizzazione di queste possa essere grossolanamente divisa fra gli emisferi cerebrali. In particolare, si è visto come l'emisfero sinistro abbia una predominanza per quanto riguarda la concezione sintattica e astratta dei concetti e della loro espressione verbale mentre l'emisfero destro provvede una coloritura emotiva, per esempio, di tali concetti. Inoltre, mentre la parte sinistra del nostro cervello è attrezzata per l'espressione verbale, la parte destra è il luogo in cui principalmente le informazioni visive vengono memorizzate e impiegate per le attività della vita normale (ricordare immagini già viste, luoghi precedentemente visitati etc etc). La lateralizzazione (è questo il nome che viene dato alla localizzazione in un particolare emisfero cerebrale di una qualche funzione particolare) è quindi sostanzialmente nell'emisfero destro per quanto riguarda gli aspetti emozionali e di memorizzazioni di immagini, mentre è nell'emisfero sinistro per quanto riguarda la codifica verbale, la capacità di leggere e di intendere ciò che si legge e si sente.

Nella ricerca scientifica applicata alle componenti pubblicitarie, sviluppatasi nel corso degli ultimi venti anni, si sono impiegati termini quali per esempio "coinvolgimento", che indicano il grado di attenzione cognitiva del consumatore. In tale contesto, "alto coinvolgimento" sarà uno stato in cui il soggetto presta molta attenzione all'esecuzione di una particolare azione o ragionamento da intraprendere. Possiamo quindi paragonare l'alto coinvolgimento ai processi coscienti e seriali che abbiamo incontrato nel capitolo 4, mentre "basso coinvolgimento" significherà sostanzialmente l'esecuzione di azioni o la presa di decisioni in presenza di una scarsa attenzione cosciente del soggetto. In questo caso possiamo paragonare tali processi a "basso coinvolgimento" ai processi automatici e paralleli di cui anche si è parlato all'interno del capitolo 4.

Nel caso di acquisti di prodotti in presenza di un basso coinvolgimento, si pensa che le fasi cognitive del soggetto siano sospese fino alla prova del prodotto stesso, accettando preventivamente le conoscenze acquisite dalla pubblicità. Questo modello nel campo dell'analisi dei comportamenti dei soggetti rispetto ai messaggi pubblicitari è detto del Learn-Do-Feel. I meccanismi della memoria implicita attualmente non sono completamente noti (Eysenck & Keane 2000), e grazie anche alle diverse evidenze sperimentali generate dalla ricerca neuroscientifica negli ultimi anni si pensa che possano esistere diversi tipi di memoria implicita, che coinvolgono differenti aree del cervello.

Sempre nell'ambito della ricerca applicata allo studio dei comportamenti dell'individuo sottoposto a messaggi commerciali, si può affermare che la memoria implicita, così

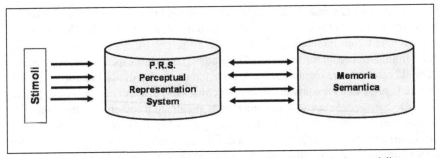

**Fig. 6.2** Memoria implicita - Flusso di immagazzinamento delle informazioni sensoriali

come definita di sopra, sia costituita da due funzioni, descritte nella Figura 6.2. In tale Figura si possono osservare due modelli in serie, la **PRS** (Perceptual Representation System) ed una **memoria semantica**. La PRS memorizza la struttura globale di un oggetto senza attribuirgli un particolare significato. La PRS è specializzata nel captare forme e strutture di parole ed oggetti ma di queste parole ed oggetti non conosce nulla, non sa a che cosa servano gli oggetti, non conosce il significato delle parole. È un sistema di memorie che lavora a basso coinvolgimento che è in grado di immagazzinare per lungo tempo informazioni strutturali circa parole e oggetti ma che non necessariamente è in grado di attribuire loro significato. Sarà poi la memoria semantica a dare significato alle parole ed attribuire funzioni agli oggetti. Questa separazione fra un comparto di memoria semantica ed uno di memoria percettiva (PRS) ha trovato una conferma sperimentale nell'analisi del comportamento di pazienti epilettici a cui era stato reciso il corpo calloso, una formazione che mette principalmente in comunicazione l'emisfero destro con l'emisfero sinistro cerebrale, posta al centro del cervello. Con un particolare apparato sperimentale (specchi) era possibile far arrivare l'immagine di un qualsiasi oggetto di uso comune (una chiave ad esempio) solo ad un particolare emisfero del paziente. La separazione degli emisferi, generata fisicamente dalla resezione del corpo calloso, faceva sì che l'informazione visiva rimanesse confinata nell'emisfero cerebrale in cui veniva proiettata. Dato che il sistema di verbalizzazione e codifica delle parole risiede principalmente nell'emisfero sinistro, nel caso di una immagine di una chiave "proiettata" solo nell'emisfero destro il soggetto sapeva riconoscere l'oggetto (accesso al sistema PRS) ma non sapeva correttamente nominare l'oggetto, dato che l'accesso al sistema delle memorie semantiche era impedito dalla resezione del corpo calloso.

La memoria implicita si è detto è involontaria, continuativa, di grandissima capacità e duratura. Sperimentazioni sulla capacità della memoria implicita sono state effettuate da Lionel Standing nel 73 che ha potuto verificare l'enorme capacità di questa memoria rispetto ai limiti della memoria esplicita. Nel campo della ricerca pubblicitaria si è osservato come i cosiddetti "processi a basso coinvolgimento" (o meccanismi di scelta automatica e parallela come descritto nel capitolo 4) possano coprire tutti i processi di scelta delle marche fino all'acquisto. Da una prospettiva pubblicitaria, ci sembra opportuno in questa sede accennare a tali processi.

• La maggior parte dei consumatori pensa che le principali marche di ogni categoria di prodotto siano quasi uguali.

- La conseguenza di ciò è che la scelta delle marche avviene in base all'istinto o all'intuizione, cioè impiegando i meccanismi automatici di scelta, senza un particolare ingaggio cognitivo.

- I consumatori non si aspettano di apprendere qualcosa di veramente importante dalla pubblicità e quindi non vi dedicano molta attenzione. Le informazioni sulla marca vengono così acquisite in maniera passiva e non attiva, parliamo ovviamente di prodotti a basso coinvolgimento.

- Il reperire informazioni fa parte dell'apprendimento attivo (processi cognitivi), alto grado di attenzionalità e fa uso intensivo della memoria di lavoro per analizzare, reinterpretare e memorizzare le informazioni nella memoria a lungo termine. In questo caso si hanno delle modificazioni permanenti di atteggiamento.

- La fruizione della TV avviene in maniera passiva.

- La TV è un mezzo a relativa bassa attenzionalità e le ricerche confermano che non si presta grande attenzione alla pubblicità televisiva.

- La mancanza di attenzione generalmente viene combattuta dai creativi usando artefizi retorici, facendo così memorizzare la comunicazione in maniera esplicita.

- L'acquisizione passiva delle informazioni avviene mediante un apprendimento chiamato "implicito" e definito come apprendimento senza ricordo di che cosa si sia appreso. L'apprendimento implicito avviene secondo processi automatici e processi subconsci, come descritto nel capitolo 4 del presente volume.

- Essendo tali processi automatici spesso sotto il livello della percezione cosciente, non viene impiegata la memoria di lavoro per analizzare e reinterpretare alcunché. La sperimentazione in questo campo mediante una serie di test ha confermato che quello che si apprende e si memorizza attraverso l'apprendimento implicito è costituito essenzialmente da alcune percezioni e semplici concetti: messaggi complessi che richiedono particolari analisi non vengono immagazzinati.

- Le informazioni possono essere acquisite anche attraverso processi semi-consci che vengono chiamati processi superficiali. Le modificazioni di atteggiamento in seguito a questi processi non sono durature. I processi superficiali sono molto simili nei loro effetti ai processi automatici e possono essere senz'altro classificati entrambi nei processi a basso coinvolgimento.

- La stragrande maggioranza della pubblicità viene processata mediante processi a basso coinvolgimento.

- Gli elementi percettivi e concettuali vengono immagazzinati come associazioni della marca. Non si ha ricordo generalmente di come e quando questi elementi siano stati appresi. Si tenga presente che le associazioni di marca non dipendono solamente dalla pubblicità. Anche il prodotto con la sua forma, con le sue caratteristiche, il suo confezionamento (packaging) hanno grande rilevanza.

- Poiché la memoria implicita è automatica noi la attiviamo ogni volta che guardiamo o ascoltiamo uno spot e questo indipendentemente da quanto il prodotto sia importante per noi, indipendentemente dall'attenzione dedicata, indipendentemente dal fatto di aver visto primo lo spot, indipendentemente dal fatto che piaccia o meno.

- I processi a basso coinvolgimento sono estremamente più numerosi di quelli ad alto coinvolgimento nella vita di ognuno di noi. Ne consegue che anche la fruizione della pubblicità avviene principalmente con questi meccanismi, essendo le risorse attentive del soggetto comunque limitate.

- Esistono alcune evidenze sperimentali che supportano l'affermazione che la memoria implicita è più duratura di quella esplicita.

- Poiché le decisioni intuitive sono facilmente guidate da tracce emozionali profondamente radicate, la pubblicità lavora particolarmente bene se le associazioni di marca funzionano come le tracce emozionali. In casi come questi la pubblicità può essere una forte motivazione per le scelte di marca senza che il consumatore ne sia consapevole.

Riassumendo possiamo dire che i processi a basso coinvolgimento (processi neurali di riconoscimento automatici e paralleli) vanno a configurare una comunicazione a bassa attenzionalità che nel tempo crea delle associazioni di marca e spesso memorizza in maniera molto forte concetti che dipendono da queste associazioni. Queste associazioni di marca dotate di significato influenzano la scelta intuitiva della marca interagendo con le precedenti tracce emozionali.

Fino a pochi anni fa, si credeva che il lobo temporale nell'uomo fosse l'unica struttura cerebrale, insieme con l'ippocampo, impiegata nei processi di memorizzazione a lungo termine. Recenti indagini sperimentali, eseguite mediante le tecniche di neuroimaging, hanno invece mostrato come anche i lobi frontali possano dare un contributo decisivo per i processi di memorizzazione, a fianco dell'attività dei lobi temporali. In particolare, è stato visto il coinvolgimento di alcune regioni dell'area frontale (area frontale ventro-laterale) che includono le aree di Brodmann 45 e 47. L'attività di queste aree cerebrali è stata osservata in congiunzione con esperimenti relativi alla memoria episodica e a quella di lavoro (working memory). Il dato che emerge dagli studi in letteratura è che l'attivazione dei circuiti di memorizzazione nell'uomo richiede esplicitamente la coattivazione di entrambi i sistemi frontali e temporali. È stato inoltre visto che le strutture ippocampali nell'uomo sono chiaramente attive durante le condizioni di memorizzazione (encoding) sostenute da nessuna istruzione esplicita a priori, mediante processi a basso grado di attenzione. In tali processi "automatici" di memorizzazione, il lobo frontale non è particolarmente attivo, e la procedura di memorizzazione di immagini o suoni è principalmente sostenuta dall'attività del lobo temporale. Lo stesso processo è anche attivo durante la fase di richiamo automatico (retrieval) o di riconoscimento di immagini viste in precedenza senza nessuna attenzione particolare da parte del soggetto sperimentale. Anche in questo caso la corteccia temporale è più attiva di quella frontale. La corteccia frontale interviene quando i soggetti ricordano o memorizzano eventi in maniera non automatica ma con l'intervento di una attenzione che può essere sollecitata da una particolare istruzione dello sperimentatore. In tal caso, esiste una co-attivazione delle due strutture cerebrali, sia in fase di encoding che in quella di recupero dell'informazione stessa, con un netto miglioramento della performance mnemonica. Un ruolo importante nei processi di memorizzazione è svolto dall'emozione. È noto come il sistema limbico (amigdala, ipotalamo, giro del cingolo) provveda numerosi ingressi alla corteccia orbito-frontale (descritta in prima approssimazione dall'area 10 di Brodmann; si riveda il capitolo 2 per la localizzazione spaziale di queste aree nel cervello). Sempre nella corteccia orbito-frontale, afferiscono numerosi ingressi dalle aree sensitive secondarie, facendo di questa un luogo privilegiato di integrazione di differenti input sensoriali, o come viene detto, una corteccia per l'integrazione polimodale. Tale area è fortemente coinvolta nei processi decisionali che sono alla base delle azioni che intraprendiamo nel mondo esterno, sia per quanto riguarda le attività relative al rifornimento energetico (cibo, bevande) sia per quanto riguarda l'attività motoria in generale. La corteccia orbitofrontale provvede numerosi ingressi all'amigdala, e alle altre strutture del sistema limbico. Può, quindi, influire grandemente sui processi di memorizzazione, provvedendo una coloritura emotiva e una differente motivazione ai processi decisionali nell'uomo.

Da questa breve digressione si possono quindi trarre alcune semplici conclusioni espresse di seguito. I processi di memorizzazione a basso contenuto attentivo vengono eseguiti principalmente della corteccia temporale e dall'ippocampo. Nel momento in cui esista la necessità di porre più attenzione a ciò che dovrà essere ricordato-richiamato allora verrà attivata la zona della corteccia frontale ventro-mediale. La coloritura emotiva nei processi di memorizzazione come anche di richiamo può essere inserita dalla corteccia orbitofrontale (area 10 di Brodmann) che con le sue ricche connessioni al sistema limbico è un possibile ponte fra il sistema di memorizzazione e il sistema cerebrale che genera le decisioni nell'uomo.

## 6.2  Ruolo della corteccia orbitofrontale nelle emozioni

Per molti anni lo studio delle emozioni non è stato affrontato dalla scienza in quanto l'emozione è una variabile abbastanza difficile da misurare, al contrario invece dello sforzo cognitivo dei soggetti durante un qualsiasi compito sperimentale. Infatti questo sforzo può essere direttamente misurato correlandolo al comportamento esterno del soggetto e dai risultati che questi ottiene nel compito specifico. L'emozione, inoltre, data la sua caratteristica percettiva individuale, è difficile da valutare e da comparare fra diversi soggetti. Che però l'emozione giocasse un ruolo fondamentale per le caratteristiche percettive e decisionali degli esseri umani l'aveva già suggerito Charles Darwin (Darwin, 1872), che sosteneva che le emozioni consentissero ad un organismo di adattarsi meglio alle caratteristiche salienti degli stimoli proposti dall'ambiente. Nel corso della ricerca scientifica sull'emozione, negli scorsi anni una strategia di lavoro molto utile è stata quella che ha diviso lo studio della stessa in due componenti differenti: una componente concernente uno stato emozionale vero e proprio, che può essere misurato attraverso una serie di parametri fisiologici indotti dal sistema nervoso autonomo, quali per esempio le variazioni di pressione sanguigna, le risposte neuroormonali misurabili tramite la quantità di adrenalina circolante nel sangue, e una seconda componente concernente le sensazioni (feelings) che queste emozioni generano nel sistema nervoso centrale (Kringelbach, 2004).

Questo stato emozionale può essere misurato in animali mediante l'impiego della tecnica del condizionamento sperimentale, e in tale contesto le emozioni sono tipicamente considerate come gli stati che possono essere generati dalle ricompense o dalle punizioni provviste dal ricercatore al soggetto all'interno del suo setup sperimentale. Come degli stimoli emozionali siano rappresentati in corteccia cerebrale dipende dal tipo di rinforzo che viene offerto al soggetto sperimentale in seguito al suo comportamento. Il risultato di questo processamento influenza il comportamento dell'organismo intero (come si vedrà nella sezione successiva 6.3) e le conseguenti risposte autonomiche generate all'interno del soggetto stesso vengono successivamente presentate alla nostra consapevolezza.

È stato visto che il processamento emozionale è mediato da un insieme di strutture cerebrali, alcune delle quali poste a livello corticale. Alcune di queste, in particolare la corteccia orbitofrontale, l'amidgala e la corteccia cingolata giocano un ruolo importante nel cervello umano in tale processamento. Altre importanti strutture cerebrali che interagiscono con il percorso delle emozioni nel nostro cervello sono l'ipotalamo, il nucleus accumbens insieme all'area grigia periacqueduttale. Queste regioni cerebrali fungono sia da sistemi di input che da sistemi di output per le regioni associative multimodali cerebrali, quali per esempio la stessa corteccia orbitofrontale, che è anche attivamente coinvolta nella rappresentazione e nella memorizzazione degli eventi esterni al soggetto che causano rinforzi positivi per lo stesso. Infatti, da un punto di vista anatomico la corteccia orbitofrontale presenta forti connessioni anatomo-funzionali con il resto del cervello; infatti riceve input dalle cinque classiche modalità sensoriali quali la gustativa, olfattiva, somatosensoriale, auditiva e visiva. La stessa corteccia riceve anche informazioni sensitive dalle reti neuronali situate nei visceri, e la ricchezza di questi input sensoriali ne fa una delle zone del cervello fra le più ricche di input sensoriali (Figura 6.3, parte destra). Solo durante gli ultimi anni ci sono stati differenti studi, impieganti le tecniche di neuroimaging cerebrale descritte sommariamente nei capitoli precedenti, che hanno consentito di conoscere più da vicino l'attività della corteccia orbitofrontale. Questi studi indicano che tale corteccia è un punto nevralgico di convergenza di tutte le informazioni sensoriali, che vengono integrate insieme, generando una modulazione delle reazioni autonomiche (quelle per intenderci mediate dal sistema nervoso autonomo), un coinvolgimento nell'apprendimento e nella generazione di decisioni da parte del soggetto sperimentale (Ullsperger et al., 2004). Come già detto in precedenza, la corteccia orbitofrontale fa parte di diverse reti neuronali corticali che includono regioni della corteccia prefrontale (aree 9, 46 di Brodmann), amigdala, ipotalamo, nonchè i sistemi cerebrali dopaminergici. Questa ricchezza di input e di connessioni anatomiche ha fatto supporre che tale corteccia sia fortemente coinvolta nel processamento di stimoli emozionali. Questa regione corticale è stata vista da studi di neuroimaging attivarsi durante la generazione di stimoli di rinforzo positivi per il soggetto più astratti che non il guadagno di cibo, come per esempio il guadagno di denaro (Thut et al., 1997). Recentemente, alcuni studi impieganti tecniche di neuroimaging quali la fMRI e la PET hanno trovato che nel caso del cibo sono rappresentati nella corteccia orbitofrontale sia il valore della ricompensa, sia il valore atteso di questa come anche il piacere soggettivo che ne deriva. Questi risultati scientifici possono essere una base di partenza per ulteriori esplorazioni dei sistemi cerebrali coinvolti nella esperienza cosciente del piacere. In particolare, le connessioni della corteccia orbitofrontale e delle aree corticali e subcorticali ad essa correlate possono offrire interessanti spunti di riflessione per quanto riguarda delle patologie relative a disordini emozionali quali depressione, o anche per quanto riguarda le spinte compulsive verso il cibo o la spesa economica.

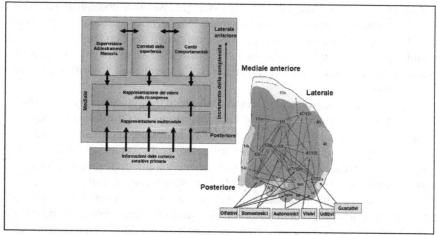

**Fig. 6.3** A sinistra della figura è presentato un modello delle interazioni fra i sistemi sensoriali e la valutazione affettiva di questi input sensoriali nel cervello umano. Il modello collega le informazioni sensoriali che fluiscono dalle corteccie sensoriali primarie verso le parti posteriori della corteccia orbitofrontale per la loro integrazione multimodale (dal basso verso l'alto della figura). In tale zona viene generata una rappresentazione integrata della stimolazione sensoriale. Il valore della ricompensa del rinforzo sperimentale proposto al soggetto è invece assegnato nelle regioni anteriori della corteccia orbitofrontale. Tale valore può essere l'input per influenzare il conseguente comportamento del soggetto (tramite le connessioni con la corteccia cingolata anteriore che è a sua volta connessa con le aree premotorie e motorie). Inoltre, il valore modificato della ricompensa proposta al soggetto può essere immagazzinato per l'apprendimento e il successivo richiamo (nelle aree mediali della corteccia orbitofrontale). Ovviamente, il valore della ricompensa può essere anche modulato da rabbia e altri stati emozionali interni, che ne possono alterare drasticamente la qualità. A destra della figura è rappresentata la parte anteriore della corteccia orbitofrontale con le sue connessioni con le differenti modalità sensoriali. I numeri indicati sulla figura rappresentano le aree di Brodmann in cui è parcellizzata la corteccia stessa. AON sta per Anterior Olfactory Nucleus. Figura modificata, con permesso, da Kringelbach M.L. Food for thought: hedonic experience beyond homeostasis in the human brain. Neuroscience 126:807-819, 2004 Elsevier Science, e da Kringelbach M.L., Rolls E.T. The functional neuroanatomy of the human orbitofrontal cortex: evidence from neuroimaging and neuropsychology. Prog Neurobiol 72:341-372, 2004 Elsevier Science, Shannon

## 6.3   Generazione delle decisioni

Durante la fase di decisione di un azione, il cervello deve comparare e valutare la ricompensa attesa per i vari comportamenti possibili al soggetto stesso. Questo processamento può essere complesso, dato che la stima può variare in base alla varianza della distribuzione delle ricompense. È difficile generare una stima attendibile del valore della ricompensa attesa per un cibo che può sembrare altamente desiderabile e anche con un valore nutrizionale elevato ma che è solo raramente disponibile e che può variare significativamente di qualità. Si ha infatti in questi casi un problema di bilanciamento fra ciò che è conosciuto e noto e la possibilità di esplorare altre qualità di cibo, che potenzialmente possono essere più nutritive di quelle conosciute. Possiamo avere questo dilemma quando ci sediamo al tavolo di un ristorante etnico che offra una varietà di piatti che conosciamo solo in parte. Rischiare e prendere una pietanza che potrebbe rivelarsi difficile da mangiare per il nostro gusto oppure andare sul sicuro, prendendo un piatto noto il cui valore è stato attribuito da precedenti esperienze positive?

I comportamenti legati al cibo devono essere precisamente controllati dal nostro sistema nervoso perché le decisioni di ingoiare tossine, microrganismi o oggetti non edibili sulla base di giudizi erronei possono essere fatali per l'organismo. Gli esseri umani e gli altri animali hanno quindi sviluppato delle strategie conservative con una occasionale ricerca di novità alimentari nella speranza di scoprire nuove sorgenti di nutrienti.

Ulteriori studi di neuroimaging hanno confermato il ruolo della corteccia orbitofrontale mediale nel monitoraggio e nell'apprendimento circa il valore di ricompensa degli stimoli che non hanno conseguenze immediate sul comportamento del soggetto. Tali esperimenti hanno mostrato attivazioni nella corteccia mediale orbitofrontale che controllano le proprietà affettive di stimoli olfattivi, gustativi, somestesici e multimodali (Kringelbach et al., 2003). Inoltre, la corteccia orbitofrontale laterale è spesso attiva in cooperazione con la corteccia anteriore cingolata quando i soggetti sperimentali valutano delle punizioni che, quando sperimentate, possono indurre un cambio nel comportamento corrente del soggetto. Le recenti convergenze di risultati dagli studi di neuroimaging e di neurofisiologia indicano che la corteccia orbitofrontale è un importante punto di raccordo per la integrazione delle esperienze sensitive e il processamento emozionale di queste. È quindi divenuto chiaro che tale corteccia ha un ruolo importante anche nei disordini emozionali quali depressione e dipendenza da droghe. Recentemente, è stato proposto un possibile modello del funzionamento di questa corteccia orbitofrontale, e tale modello è descritto nella Figura 6-3 (parte sinistra). In tale figura è mostrata la parte posteriore della corteccia orbitofrontale che processa le informazioni sensoriali per le ulteriori integrazioni multimodali. Il valore della ricompensa del rinforzo proposto al soggetto è assegnato in una parte più anteriore della corteccia orbitofrontale, e tale valore può essere modulato da emozioni quali rabbia e altri stati interni. La modifica di valore del rinforzo può quindi influenzare il comportamento successivo del soggetto, e tale diverso comportamento può essere memorizzato per l'apprendimento di nuovi modelli comportamentali. Ad esempio, l'esperienza di un mal di stomaco come conseguenza di una assunzione di un cibo molto grasso e difficile da digerire prima dell'esecuzione di una attività sportiva pesante indurrà immediatamente un cambio del nostro atteggiamento riguardo l'assunzione di tale cibo. Tale cambio di strategia nell'assunzione di quel particolare cibo prima di fare un esercizio fisico verrà allora memorizzata nella corteccia orbitofrontale e successivamente richiamata all'occorrenza. Il valore di ricompensa del cibo stesso, prima dell'esecuzione di una attività sportiva verrà chiaramente diminuito rispetto al valore che normalmente viene dato a quel cibo in condizioni normali. Durante tutto questo processo, importanti flussi di informazione si osservano bilateralmente fra le differenti regioni della corteccia orbitofrontale e le altre regioni cerebrali, che includono il giro cingolato anteriore e l'amigdala. La corteccia orbitofrontale e la corteccia cingolata anteriore possono essere quindi viste come parte di uno spazio di lavoro cerebrale che dà accesso alla coscienza, con il compito specifico di valutare la valenza affettiva degli stimoli sensoriali che il soggetto sperimenta. Le tecniche di neuroimaging quindi possono esplorare la regione della corteccia orbitofrontale per osservare e indagare i comportamenti di approvazione o disgusto da parte di questa componente importante del nostro sistema decisionale, in relazione ai più diversi meccanismi di ricompensa. Queste ricompense possono essere non solo di natura alimentare ma anche in generale più astratta, come per esempio ricompense in denaro, status symbol e posizione sociale. La ricerca in questo campo è ancora agli inizi e questa parte della corteccia cerebrale riserverà molte sorprese ai neuroscienziati nei prossimi anni a venire.

## 6.4    Interazione fra sistemi "cognitivi" e sistemi "emozionali" durante i processi decisionali

Nelle precedenti sezioni abbiamo osservato come le moderne teorie delle neuroscienze possano descrivere un quadro di funzioni e sistemi che tentano di "scomporre" alcune qualità delle migliaia di piccole o grandi scelte che vengono compiute giornalmente dal nostro cervello. In particolare, si è anche visto come diverse aree corticali possano interagire fra loro in maniera differente a seconda del contesto in cui il soggetto sperimentale opera. È importante quindi descrivere nei paragrafi successivi le modalità di interazione fra tali sistemi corticali e come il contenuto emotivo delle nostre sensazioni possa "colorare" i processi cognitivi. Questa interazione fra i vari sistemi corticali e sottocorticali è fondamentale per capire i processi decisionali nell'uomo, a cui tanta parte della letteratura odierna nelle neuroscienze è dedicata.

Il comportamento deriva dalla continua interazione fra sistemi neurali che caratterizzano l'attività all'interno di ciascuno dei quattro quadranti presentati in precedenza nella Tabella 4.1 del capitolo 4 e che qui viene richiamata per comodità espositiva. Tre aspetti di questa interazione devono essere messi in risalto, e precisamente quelli che riguardano gli aspetti collaborativi, quelli competitivi e quelli detti di sense-making. La collaborazione fra i diversi moduli neuronali cerca di mantenere un equilibrio fra i processi decisionali di tipo automatico e/o affettivo con quello seriale e cognitivo. Se il sistema seriale cognitivo (quadrante I) cerca di fare tutto da solo, fallirà, spesso in maniera spettacolare. L'aspetto competitivo fra i moduli neuronali rispecchia il fatto che i differenti processi sia emozionali che cognitivi spesso conducono il comportamento in due direzioni conflittuali e competono per il controllo del comportamento stesso.

**Tabella 6.1** Processi cognitivi ed emozionali, controllati ed automatici

|  | Cognitivi | Emozionali |
|---|---|---|
| Processi Controllati di Scelta:<br>• Seriali<br>• Richiedono attenzione<br>• Possono essere evocati a piacere<br>• Consentono un accesso introspettivo | I | II |
| Processi Automatici di Scelta<br>• Paralleli<br>• Senza richiesta di attenzione<br>• Al di fuori del controllo conscio | III | IV |

Il sense-making fa riferimento a come ci rendiamo conto di questa collaborazione o competizione e come prendiamo coscienza del nostro comportamento.

È utile distinguere tra processi emotivi e cognitivi e tra processi automatici e controllati poiché la maggior parte dei giudizi e dei comportamenti derivano dall'interazione tra essi. La collaborazione ed il corretto equilibrio tra le attività dei quattro quadranti sono indispensabili per affrontare un normale processo decisionale. Per esempio, visto che i processi caratteristici del primo quadrante (seriale e cognitivo) sono mentalmente molto dispendiosi, pensare troppo anche quando i processi automatici lavorano bene è certamente non efficiente.

L'emotività è, e dovrebbe essere, influenzata dalla ragione. Il modo in cui ci si sente quando si aspetta impazientemente un amico che è in ritardo, per esempio, dipenderà in modo determinante dal fatto che si stia pensando che egli ha avuto un incidente o semplicemente si è dimenticato dell'appuntamento. Anche gli stati emotivi, come la paura, che sono visti come stati fisiologici piuttosto che psicologici, hanno invece una forte componente cognitiva. Molto più interessante, e sicuramente meno conosciuto, è il fatto che l'emotività fornisce un input essenziale al processo decisionale. Damasio (1998) ha dimostrato che gli individui con piccoli deficit cognitivi ma grandi deficit emotivi presentano gravi difficoltà nei processi decisionali. La componente emotiva è talmente importante che spesso soffermarsi troppo sul ragionamento può portare alla scelta sbagliata. In uno studio pubblicato alcuni anni fa, ad alcuni studenti fu chiesto di selezionare dei poster potendoli scegliere da un determinato gruppo predisposto dallo sperimentatore; tutti gli studenti ai quali era stato chiesto di indicare la ragione per cui piacessero loro o meno i poster prima che ne scegliessero uno, alla fine si dichiaravano meno soddisfatti della scelta effettuata (e meno gratificati dall'appendere il poster nella propria stanza) rispetto agli studenti ai quali non era stato chiesto di giustificare la scelta.

Non c'è bisogno di dire che l'emotività può distorcere un giudizio. Per esempio, le emozioni hanno un grande effetto sulla memoria, come quando chi è triste tende sempre a ricordare episodi tristi, che a loro volta accrescono la tristezza. Le emozioni influenzano anche la percezione del rischio - la rabbia rende le persone meno consapevoli dei rischi, così come la tristezza ha l'effetto contrario. Le emozioni possono anche creare delle cognizioni; molte persone sono bravissime a persuadersi che ciò che desiderano succeda è proprio quello che succederà.

Per dare un contributo alla teoria economica, le neuroscienze dovrebbero quantomeno fornire nuove soluzioni a vecchi problemi. La visione standard della teoria economica caratterizza una scelta intertemporale come uno scambio di utilità nel tempo. Gli esseri umani sembrano essere gli unici tra gli esseri viventi che si preoccupano di fare sacrifici immediati tenendo presente delle conseguenze future. Per analizzare al meglio le scelte intertemporali degli uomini, quindi, dobbiamo prendere in considerazione non solo tutti quei processi che condividiamo con gli animali, ma anche quelli che appartengono solamente alla specie umana. Le scelte intertemporali mostrano come i processi neurali prima descritti collaborano e competono tra loro.

La collaborazione fra i differenti moduli neuronali è illustrata dal fatto che le decisioni che ritardano la gratificazione richiedono una certa consapevolezza - per esempio, rinunciare a mangiare una torta oggi significherà aver un corpo più bello nel futuro. Come molti ricercatori hanno osservato, però, la consapevolezza da sola non è sufficiente per accettare il ritardo della gratificazione; le emozioni giocano un ruolo fondamentale nei processi decisionali di tipo forward-looking. David Barlow affermava che la capacità di gestire la fretta e quella di pianificare sono due facce della stessa medaglia. Cottle ipotizzava che le persone si preoccupassero delle conseguenze postume delle loro decisioni in base alle emozioni che il pensiero di quelle conseguenze provocavano immediatamente in loro stessi. A supporto di questa teoria citava gli effetti delle lobotomie frontali (rimozione delle aree frontali cerebrali, attuata nel passato per gli individui che presentavano disturbi nel comportamento sociale) che creavano una menomazione nelle aree del cervello deputate alla capacità di immaginare sensazioni piacevoli o non piacevoli riguardo avvenimenti mai accaduti. Altro credito a questa prospettiva viene dato dagli studi sui pazienti psicopatologici che presentano deficit emotivi quando sono chiamati ad immaginare il futuro e una completa noncuranza delle conseguenze del proprio comportamento.

La competizione fra i diversi moduli neuronali è illustrata dall'obliquità del problema dell'autocontrollo, nel quale la valutazione del proprio comportamento si origina dall'analisi delle azioni che si è emotivamente portati a compiere. Come già detto in precedenza, il sistema emotivo nasce per garantire le funzioni di sopravvivenza e di riproduzione ed ottiene queste funzioni motivando gli individui ad assumere determinati atteggiamenti. In molti animali i comportamenti automatici, come mangiare e bere, hanno tutti un obiettivo a breve termine. L'uomo è diverso dagli altri esseri viventi poiché si preoccupa oppure trae beneficio immediato dal pensiero delle conseguenze future delle proprie azioni, così che il sistema emozionale può indurre comportamenti caratterizzati da obiettivi a lungo termine. Un intrigante aspetto dell'autocontrollo è che esso è spesso associato ad una sensazione di sforzo mentale. Questo si potrebbe attribuire al fatto che l'autocontrollo coinvolge la stessa parte del cervello - la corteccia prefrontale - che è essa stessa associata alla sensazione dello sforzo mentale. Forse questo spiega perché allenare la forza di volontà è così difficile, e perché migliorare l'autocontrollo in un certo ambito possa diminuirlo in un altro ambito, come dimostrato con una serie di esperimenti. In uno studio recente, i soggetti sottoposti a dieta che riuscivano a resistere alla tentazione di prendere uno snack da una cesta alla loro portata, successivamente mangiavano di più durante un test di degustazione del gelato rispetto ad un campione di controllo. Inoltre, sempre questi stessi soggetti se messi a confronto con un problema intellettuale che non erano in grado di risolvere abbandonavano prima degli altri soggetti di controllo la competizione. In altre parole essi agivano come se la loro abilità di resistere alle tentazioni fosse temporaneamente impegnata per evitare di mangiare lo snack (o, alternativamente, meritassero una ricompensa di gelato per avere resistito alla tentazione dello snack).

In che modo, quindi, le neuroscienze potrebbero modificare il modello che descrive le scelte intertemporali? Prima di tutto, la capacità di pensare alle conseguenze future è importante tanto che le preferenze temporali sono state messe in relazione con l'intelligenza. Secondariamente, molte persone sembrano effettuare scelte miopi quando si trovano sotto l'influenza di forti emozioni, cosa che suggerisce che la chiave di comprensione dell'impulsività degli individui potrebbe ricercarsi nella ricerca di tutte quelle situazioni che li fanno emozionare. Infine, si potrebbe cercare di distinguere gli individui in base alla loro forza di volontà, la disponibilità di risorse interiori che permettano di evitare tutti quei comportamenti guidati dall'istintività.

Un modello di questo tipo potrebbe aiutare a comprendere non solo l'impulsività ma anche perché molte persone hanno problemi di autocontrollo di tipo opposto di quelli tipicamente analizzati in letteratura - persone in ristrettezze economiche che non smettono di spendere, alcolisti che non smettono di bere. Ciascuno di questi comportamenti può essere facilmente spiegato dalla propensione, tipica dell'uomo, a provare emozioni come la paura, come risultato del pensiero sul futuro. Sembra che uno dei più importanti strumenti che la corteccia prefrontale utilizza nel caso in cui la componente emotiva spinge verso comportamenti non lungimiranti ed autodistruttivi è mettere in moto un processo decisionale guidato dall'immaginazione e dal ragionamento.

L'abilità nel valutare le conseguenze future potrebbe non essere fortemente legato al grado in cui differenti esperienze generano reazioni viscerali, e queste a loro volta potrebbero non essere legate al livello di forza di volontà dell'individuo. Il modello dell'utilità attesa vede i processi decisionali da generare in stato di incertezza come uno scambio di utilità in corrispondenza a differenti stati di natura, ovvero diversi possibili scenari. Le persone reagiscono ai rischi su due livelli differenti. Da un parte, come indicato dalle teorie economiche tradizionali, in modo consistente con i comportamenti seriali e cognitivi (rappresentati nel quadrante I della tabella), le persone sono portate a valutare i livelli oggettivi di rischio connessi a differenti azzardi. Dall'altra parte, in modo consistente con i comportamenti del sistema automatico ed emozionale (rappresentato dal quadrante IV), le persone reagiscono ai rischi a livello emotivo e queste reazioni emotive possono influenzare in modo determinante il loro comportamento.

Si sono apprese molte cose relativamente ai processi neurali connessi alle reazioni emotive ai rischi. La maggior parte dei comportamenti tesi ad evitare i rischi sono guidati da una immediata risposta di paura nei confronti di questi, e la paura, a sua volta, sembra essere rintracciabile in una piccola area del cervello chiamata amigdala. Tale area riceve anche impulsi corticali che possono moderare o enfatizzare la sua risposta automatica relativa al quadrante IV. Nel corso di un esperimento teso alla enfatizzazione dell'attivazione dell'amigdala, un topo è stato condizionato alla paura per mezzo di costanti somministrazioni di shock elettrici dolorosi preceduti dal suono prodotto da un avvisatore acustico. Appena la mente dell'animale è in grado di stabilire il nesso tra il suono e lo shock elettrico, il topo ha cominciato a rispondere al segnale acustico con salti ed altre manifestazioni di paura. Nella successiva fase dell'esperimento, il suono veniva ripetuto con continuità senza essere poi seguito dalla scarica elettrica così che le manifestazioni di timore dell'animale nei confronti del tono acustico cessavano definitivamente. A questo punto si potrebbe concludere che l'animale ha dimenticato la connessione tra tono acustico e shock elettrico, ma la realtà è più complicata ed interessante. Se le connessioni neurali tra corteccia ed amigdala vengono separate chirurgicamente, l'originale paura del tono riappare, a dimostrazione del fatto che il condizionamento alla paura è rimasto latente nella amigdala. I processi decisionali caratterizzati dal rischio e dall'incertezza, così come le scelte intertemporali, consentono di illustrare molto chiaramente sia la cooperazione che la competizione tra sistemi neuronali. Nel caso di collaborazione, l'assunzione del rischio, o il suo rifiuto, implica l'interazione tra processi cognitivi ed emozionali. In uno studio che ha affrontato questo tipo di collaborazione, alcuni pazienti con lesioni nella regione prefrontale, colpiti perciò da una dissociazione tra sistema cognitivo e sistema emozionale, ed alcuni soggetti normali di controllo sceglievano una sequenza di carte da quattro mazzi. Due mazzi avevano più carte con vincite e perdite estreme (e valore atteso negativo); due mazzi avevano meno uscite estreme ma valore atteso positivo. I soggetti non sapevano quale mazzo potesse dare delle vincite e quale invece causare delle perdite. Entrambi i gruppi di soggetti sperimentali presentavano lo stesso comportamento dopo aver pescato una carta relativa ad una grossa perdita (sudorazione, sintomo di paura), ma, al contrario dei soggetti normali, quelli con lesione nella regione prefrontale tornavano più rapidamente a scegliere dai mazzi più remunerativi e rischiosi dopo aver subito una grossa perdita, con il risultato dell'inevitabile bancarotta. In definitiva, la reazione emotiva immediata alla grossa perdita, misurata con la conduttività della pelle (sudorazione) risultava identica nel caso dei due gruppi sperimentali, ma quelli con la lesione della regione prefrontale sembravano memorizzare la grossa perdita meno dei soggetti normali, così che il loro livello di sudorazione non saliva più di tanto quando essi decidevano di scegliere dai mazzi più rischiosi. Uno studio successivo ha mostrato una simile relazione tra soggetti normali più o meno reattivi ad eventi negativi. Quelli più reattivi presentavano una maggiore predisposizione alla scelta dai mazzi meno remunerativi, quelli associati a minor rischio. È stato dimostrato che un livello insufficiente di paura può produrre un comportamento non ottimale quando le opzioni di rischio hanno valori negativi. Tuttavia, è stato altresì stabilito che la paura può scoraggiare le persone a scommettere anche in situazioni vantaggiose. In un differente esperimento è stato provato che i pazienti con danno frontale guadagnano di più in corrispondenza di un compito in cui le emozioni negative fanno assumere un atteggiamento molto poco rischioso ai soggetti normali di controllo: il compito in questione consisteva nel decidere se prendere o lasciare una serie di carte con la medesima probabilità di perdere 1 euro o vincere 1,50 euro. Entrambi i gruppi sperimentali si sono comportati allo stesso modo durante il primo round; i soggetti normali hanno immediatamente interrotto il gioco dopo aver provato la perdita mentre il gioco dei soggetti con lesione prefrontale non ne ha minimamente risentito. Evidentemente, avere una lesione nella regione prefrontale riduce la complessiva qualità del processo decisionale, ma ci sono delle situazioni in cui il danno può condurre alla decisione migliore.

A livello macroscopico, le reazioni emotive al rischio possono aiutare a spiegare i comportamenti di ricerca o rifiuto del rischio stesso. Circa l'1% degli scommettitori è stato identificato come patologico, persone che perdono il controllo di se stessi mettendo in pericolo le proprie relazioni professionali e personali a causa del gioco. La spiegazione economica standard per il gioco d'azzardo - che porta con se l'utilità dovuta al guadagno e al gusto particolare di giocare - non aiuta a spiegare perché molti giocatori non cercano di trovare un equilibrio.

Comprendere le componenti emozionali e cognitive delle reazioni al rischio è molto importante quando esse divergono o addirittura competono per il controllo del comportamento. Spesso le persone hanno due menti quando si presenta loro un rischio; quando dobbiamo prendere la parola da un podio, sostenere un esame importante, il nostro sistema decisionale utilizza diverse tattiche per convincerci a correre dei rischi, o portare a termine il nostro compito nonostante i rischi, cosa che il nostro sistema emotivo preferirebbe molto di più evitare. Forse, però, la più drammatica distinzione tra reazioni viscerali e valutazioni cognitive si ha nel caso delle fobie, di cui molte persone soffrono; il dramma che accompagna una fobia è l'incapacità di affrontare un rischio nonostante lo si conosca alla perfezione, oggettivamente si è disarmati nell'affrontarlo. Inoltre la paura innesca una serie di comportamenti preprogrammati che non sempre apportano benefici. Così, quando la paura diventa troppo intensa può produrre risposte controproduttive, come sudori freddi e panico. Il fatto che le persone sono disposte a pagare per confrontarsi con le proprie paure, ed assumano alcool e droghe per superarle, è una ulteriore conferma che le persone, o meglio, il loro sistema decisionale non è in pace con le loro reazioni viscerali nei confronti del rischio.

La differenza tra differenti sistemi di valutazione del rischio può anche essere osservata in relazione ai giudizi di probabilità. Numerosi studi psicologici hanno osservato divergenze sistematiche tra espliciti giudizi di probabilità in differenti situazioni sperimentali e giudizi impliciti derivanti da una scelta. Per esempio, in uno studio è stato provato che le persone preferiscono estrarre una pallina da un contenitore al cui interno sono presenti 10 palline vincenti e 90 perdenti piuttosto che estrarre una pallina da un contenitore al cui interno sono presenti 1 pallina vincente e 9 perdenti. I soggetti sostengono di sapere che le probabilità esplicite di vittoria sono le stesse ma hanno una preferenza caratteristica del terzo quadrante per il contenitore con il numero maggiore di palline vincenti.

Gli ultimi sviluppi delle neuroscienze hanno per la prima volta reso possibile la misurazione dei pensieri e delle sensazioni dell'uomo, aprendo i segreti di quella scatola nera che è il tassello fondamentale di qualsiasi sistema ed interazione economica: la mente umana. Molti studiosi di economia esprimono curiosità nei confronti delle neuroscienze, ma allo stesso tempo rimangono istintivamente scettici sul fatto che questa possa apportare sostanziali innovazioni alla teoria economica. La tradizione di ignorare il fattore psicologico nello sviluppo di una teoria economica è così fortemente radicata che l'accrescimento delle conoscenze sul funzionamento del cervello sembra non essere necessaria in tale ambito. La teoria economica continuerà a svilupparsi con successo nei prossimi anni senza porre la dovuta attenzione nei confronti delle neuroscienze cognitive in generale, ma è difficile credere che così tante evidenze scientifiche non possano aiutare a spiegare alcune anomalie eclatanti, ed in particolare tutte quelle anomalie che sono state per decenni oggetto di dibattito.

Ad esempio, nei giochi di contrattazione ad ultimatum, i giocatori offrono quasi la metà di una certa cifra all'altro giocatore sapendo che questi generalmente rifiuta le piccole offerte; anche se si tratta dei loro interessi, la teoria del gioco prevede che i giocatori offrano molto poco e non accettino nulla. Le neuroscienze stanno aiutando a comprendere il perché i giocatori rifiutano le piccole offerte. In un recente studio è stato dimostrato che gli adulti autistici sono simili agli adulti normali nell'offrire nulla all'altro giocatore. Gli autistici sembrano incapaci di comprendere cosa un altro giocatore possa pensare; come risultato, ironicamente, essi giocano come indica la teoria dei giochi. Nella letteratura scientifica sono disponibili le immagini ottenute mediante fMRI dell'attività corticale quando i giocatori ricevono delle offerte "oneste" (5 euro su 10 euro) o non corrette (3 euro su un insieme di 10 euro). Tali immagini dimostrano la collaborazione tra emotività e cognizione. Quando i giocatori ricevono un'offerta non equa c'è una maggiore attivazione nella corteccia insulare (un'area associata alla sensazione di disgusto ed all'attesa di stimoli dolorifici) e nella corteccia cingolata anteriore (ACC; un'area attiva in caso di processi decisionali difficili, che richiedono un controllo cognitivo). L'attività cerebrale evidenzia che i giocatori posti davanti ad offerte non eque reagiscono con disgusto mentre l'ACC si adopera per decidere cosa è peggio tra disgusto e povertà. Queste misurazioni dirette dell'attività cerebrale possono essere usate per prevedere cosa succederà: i giocatori che avranno una maggiore attività corticale insulare dopo una offerta non equa saranno più vicini a rifiutare l'offerta. Ritroveremo l'attivazione della parte insulare della corteccia cerebrale più avanti nel libro, quando si descriveranno gli esperimenti di analisi dell'attività cerebrale durante la decisione di acquistare beni con un budget predeterminato. In tal caso l'attivazione dell'insula correlerà con la decisione di non acquistare il prodotto perché giudicato a prezzo troppo elevato.

Ci sono ancora molte zone oscure nella nostra comprensione delle scelte intertemporali dei soggetti. Negli USA il debito medio delle carte di credito è 5000$ a famiglia e solo negli ultimi anni un milione di persone hanno dichiarato bancarotta. Il cibo salutare è più economico e più diffuso che mai, tuttavia la spesa per prodotti dietetici e quella per prodotti grassi sono entrambe in crescita. Sicuramente, capire il modo in cui i meccanismi cerebrali elaborano la ricompensa e producono atteggiamenti compulsivi, potrebbe aiutare a spiegare questi fatti e contribuire ad un processo di regolarizzazione. I modelli di cui disponiamo non forniscono una soddisfacente spiegazione di come gli individui si differenzino tra loro; possiamo solo caratterizzare le persone come impulsive o riflessive, decise o indecise, stabili o nevrotiche, mature o immature, depresse o ottimiste.

Le teorie economiche standard si poggiano sull'assunzione che i processi cognitivi controllati sono la chiave dei processi decisionali economici. Dal nostro punto di vista questi modelli dovrebbero rispettare il fatto che i meccanismi cerebrali nascono dalla combinazione di processi automatici e processi controllati, che operano utilizzando la parte emozionale e quella cognitiva rispettivamente.

## 6.5   Sistemi neuronali che implementano le scelte del consumatore

In questo capitolo parleremo di alcuni studi di brain imaging tesi a svelare l'attività cerebrale durate le fasi di scelta di particolari beni per i soggetti sperimentali. Questi beni potranno essere di volta in volta, un particolare piatto da un menu molto ricco, oppure degli oggetti da comperare sul bancone di un supermercato (virtuale). In ogni modo, indipendentemente dal tipo di bene da scegliere, i soggetti sperimentali (consumatori) devono eseguire delle scelte impegnando i sistemi neuronali che sono stati descritti in un certo dettaglio in precedenza. In questo capitolo allora vedremo come le tecniche di brain imaging hanno la possibilità di restituire informazioni sulle modalità di attivazione di tali circuiti neuronali durante le fasi della scelta del bene.

In uno studio importante condotto qualche anno fa, Arana e collaboratori (Arana et al., 2003) hanno impiegato la Tomografia ad emissione di Positroni (PET) per studiare l'attività corticale in soggetti che sceglievano un particolare piatto da un menu molto ricco e raffinato. Il risultato principale ottenuto in questo studio è stato quello di osservare una intensa attivazione dell'amigdala, che variava la sua attività in relazione alla piacevolezza del piatto scelto dal soggetto sperimentale dal menu. Inoltre, è stato anche vista l'attivazione delle parti laterali della corteccia orbitofrontale, già descritta nelle sezioni precedenti al punto 6.1, attivazione che era funzionale alla soppressione delle voci della lista del menu che non erano risultate le più piacevoli per il soggetto sperimentale. Quindi, il gruppo di Arana ha mostrato l'attivazione di un paio di particolari sistemi cerebrali (amigdala e corteccia orbitofrontale) durante le fasi di scelta di un particolare bene di valore per il consumatore da una lista.

In un altro studio un gruppo tedesco (Erk et al., 2002) ha impiegato la tecnica di brain imaging nota come fMRI per osservare l'attivazione neuronale in un gruppo di soggetti maschi mentre questi guardavano delle immagini di automobili, sia utilitarie che sportive. In tale esperimento i soggetti sperimentali non dovevano generare delle scelte comportamentali. Non sorprendentemente, nell'intervista successiva all'esposizione dei soggetti stessi alla sequenza di immagini di macchine, è risultata una generale tendenza a preferire le macchine sportive a quelle utilitarie. Le attività cerebrali osservate durante la visione di macchine sportive nei soggetti sperimentali erano molto intense nelle regioni orbitofrontali, così come nella corteccia cingolata più di quanto non lo fossero durante la visione di macchine utilitarie. Questi dati suggeriscono quanto tali cortecce siano importanti per la generazione di preferenze nei soggetti umani.

Una pietra miliare nello studio delle relazioni fra attivazioni cerebrali e pubblicità è stato lo studio del gruppo di Red Montague eseguito pochi anni fa (McClure et al., 2004) in cui si è studiato la risposta neuronale associata con le preferenze di un gruppo di soggetti sperimentali fra bevande zuccherate quali la Pepsi Cola e la Coca Cola. Dal punto di vista comportamentale, infatti, i soggetti mostravano una preferenza per la Coca Cola, mentre durante i test ciechi alla marca, quindi solo di degustazione, gli stessi soggetti mostravano una chiara preferenza per la Pepsi Cola. Lo studio dell'attività neuronale mediante fMRI ha mostrato un incremento dell'attività corticale in particolari regioni del cervello collegate all'autostima di sé e alle emozioni piacevoli durante la degustazione di Coca Cola invece che di Pepsi, quando le marche erano note ai soggetti sperimentali. Questo è stato interpretato come la manifestazione di particolari aree cerebrali quali l'ippocampo, la corteccia sinistra paraippocampale e la corteccia prefrontale dorsolaterale che erano coinvolte nella scelta di una marca invece che di un'altra sulla base della ricompensa "culturale" offerta dalla marca stessa, in termini di riconoscimento di sé in uno stile pubblicitario proposto da quella marca.

Tutte le indagini scientifiche presentate in questo capitolo sulle relazioni fra strutture cerebrali e scelte di marketing o economiche sono state fatte con strumenti di brain imaging che difettano grandemente nella risoluzione temporale. Infatti, sia la

PET che la fMRI, come è stato visto nei capitoli introduttivi di questo libro, non offrono una risoluzione temporale dei fenomeni cerebrali che vada al di sotto dei secondi. È pur vero che i processi di scelta generalmente avvengono in frazioni di secondo, il che ha come conseguenza l'idea che l'impiego di tecniche di brain imaging con una risoluzione temporale più elevata possa essere utile per seguire lo sviluppo dei processi cerebrali sottostanti i processi di scelta fra beni di consumo o oggetti rilevanti per il soggetto sperimentale. In questo contesto, il gruppo di Sven Braeutigam (Braeutigam et al., 2001; 2004) ha impiegato la tecnica della Magnetoencefalografia (MEG) per studiare le relazioni temporali delle aree cerebrali coinvolte nelle scelte decisionali dei consumatori posti di fronte a delle scelte di beni in un contesto di laboratorio. In tale studio si è voluto analizzare il comportamento cerebrale in soggetti maschili e femminili durante uno shopping simulato. Tale approccio derivava dalla considerazione che la maggior parte dei soggetti adulti nella società industrializzata ha avuto qualche esperienza al supermercato, in cui si deve scegliere un particolare prodotto fra una sequenza di prodotti simili che competono quindi per l'attenzione del soggetto stesso, in termini di costo o di marca.

Le attivazioni cerebrali indotte dalle scelte da fare riflettono il livello di familiarità o la preferenza che il particolare soggetto sperimentale ha con i prodotti presentati. Questi fattori possono essere tenuti in considerazione considerando la relazione fra la scelta corrente di un particolare prodotto sullo scaffale e la relativa frequenza di scelta e di uso di quel prodotto nel passato. Nello studio che si va ad illustrare il termine predicibilità della scelta (predicibilità in breve) si riferisce a questa relazione fra scelte passate e scelta del prodotto che dovrà essere generata da parte del soggetto sperimentale.

In particolare, l'osservazione principale che è emersa da questi studi del gruppo di Braeutigam presenta la scelta da eseguire da parte del consumatore come una sequenza complessa di attivazioni cerebrali che si differenziano grandemente in base al sesso dei consumatori stessi e alla predicibilità della scelta che questi è chiamato a generare. Dal punto di vista del comportamento manifesto del soggetto sperimentale, le scelte predicibili sono risultate più veloci di quelle impredicibili, e questo lascia supporre che nel caso di scelte più difficoltose le attività corticali siano più complesse che non nel caso delle scelte "facili" da fare. Come già accennato ai soggetti sperimentali era chiesto di visionare una sequenza di oggetti e successivamente di eseguire una scelta fra essi, come di fronte a un bancone presso un qualsiasi supermercato che presenti prodotti dello stesso tipo ma con marche diverse. I soggetti venivano registrati con un apparato che registra i campi magnetici indotti dall'attività neuronale (magnetoencefalografia; MEG) durante la fase di scelta, successiva alla visione sullo "scaffale" (in realtà un monitor di un computer con le immagini disposte dei prodotti come in uno scaffale). La sequenza delle attivazioni corticali osservate durante le fasi di scelta dei soggetti è rappresentata in Fig. 6-4. In particolare si sono distinti due diversi percorsi cerebrali, a seconda che le scelte fossero "predicibili", relative cioè a prodotti che il soggetto sperimentale aveva già usato in passato o che aveva dimostrato di preferire, nell'intervista precedente la registrazione MEG, oppure a scelte "impredicibili", riguardanti cioè prodotti di cui il soggetto sperimentale ignorava l'esistenza (potrebbero essere i prodotti incontrati sugli scaffali di un supermercato discount).

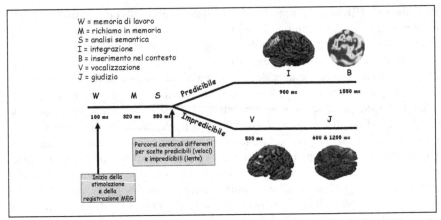

**Fig. 6.4** Attivazioni corticali associate con le decisioni di un soggetto sperimentale. Le scelte predicabili sono quelle in cui l'oggetto da scegliere è familiare ed è stato spesso comperato dal soggetto sperimentale nel passato. In alto a destra: la figura mostra le aree del cervello attivate durante le differenti fasi di scelta per le oscillazioni dell'EEG in banda di frequenza fra 30 e 40 Hz. Spiegazioni nel testo. Figura modificata, con permesso, da S. Braeutigam, Neuroeconomics - From neural systems to economic behaviour. Brain Research Bulletin 67:358. 2005 Elsevier Science, Shannon

Nell'esperimento condotto è stato individuate un primo stadio di scelta neuronale (contrassegnato con W nella Fig. 6.4) che può essere identificato grossolanamente a circa 100 ms dopo l'arrivo del segnale di inizio scelta sulle cortecce occipitali (che sono deputate alla visione). La latenza e la distribuzione topografica sulla corteccia cerebrale di questa attività corticale è consistente con una vasta letteratura scientifica relativa al processamento delle immagini. A questo stadio (W) della decisione il soggetto compara il prodotto da scegliere con la lista dei prodotti vista in precedenza, in un compito essenzialmente coinvolgente la memoria di lavoro (vedere la descrizione di questa nei capitoli precedenti di questo libro).

La sequenza di attivazioni corticali osservata nei soggetti sperimentali continua con due stati neuronali parzialmente correlati fra loro (contrassegnati con M e S nella Fig. 6.4), che si possono osservare fra 280 e 400 ms dopo l'inizio della fase di scelta. In questo periodo l'attenzione selettiva del soggetto è orientata verso le immagini dei prodotti da identificare, classificare e comparare con quelli conservati nella memoria relativa ai prodotti e alle marche preferite. Questa memoria può coinvolgere l'esperienza passata di aver comprato il prodotto in questione, oppure di aver osservato pubblicità per la marca specifica. L'attivazione neuronale della corteccia cerebrale differisce in questo lasso di tempo (circa 400 ms dopo l'inizio della fase di scelta) fra uomini e donne. In particolare, i soggetti sperimentali di sesso femminile hanno mostrato una più forte attivazione cerebrale rispetto agli uomini nella parte posteriore sinistra del cervello, laddove gli uomini hanno mostrato una attività corticale più elevata nelle aree temporali destre. Queste differenze collegate al sesso dei soggetti sperimentali continuano ad essere presenti sia durante la fase di scelta del prodotto che durante la sua discriminazione. Questa osservazione suggerisce che, a questa latenza temporale, le donne tendono ad impiegare una strategia basata su una conoscenza specifica della categoria del prodotto da comprare, laddove gli uomini tendono ad impiegare una strategia basata sulla memoria spaziale (Kimura, 1996).

Dopo 500 ms dall'inizio della scelta da parte dei soggetti sperimentali, due distinti quadri di attivazione neuronale possono essere identificati in accordo con la predicibilità delle scelte eseguite dai soggetti stessi. In particolare, nelle scelte predicibili, cioè quelle in cui il prodotto scelto era familiare al soggetto ed era spesso acquistato dallo stesso nel passato, si osservava una forte attivazione delle aree parietali destre circa 900 ms dopo l'inizio del compito sperimentale (contrassegnata dalla lettera I nella Fig. 6 4). A più lunghe latenze temporali, le scelte predicibili di prodotti evocano forti oscillazioni EEG nella banda di frequenza di 30-40 Hz sulla corteccia prefrontale sinistra (contrassegnata con la lettera B nella Fig. 6.4). Le cortecce parietali ricevono input da molte aree corticali, dato che sono coinvolte nella integrazione spaziale delle informazioni sensoriali.

Le differenze di attività corticale presentate dal gruppo di Braeutigam fra uomini e donne possono rinforzare l'ipotesi secondo la quale verrebbero usate dai due gruppi differenti strategie di scelta. Al contrario di quanto accade con le scelte predicibili, le scelte impredicibili, cioè quelle in cui il prodotto o la serie di prodotti sono sconosciuti ai soggetti sperimentali, generano una forte attivazione nella corteccia inferiore frontale destra (contrassegnata dalla lettera V nella Fig. 6.4), ad una latenza di circa 500 ms, e nella corteccia orbitofrontale sinistra (lettera J nella Fig. 6.4) fra 600 e 1200 ms dopo la generazione dello stimolo. Nel caso di V, le risposte corticali sono state viste consistenti con l'attività presso l'area di Broca, che è coinvolta nella espressione del linguaggio parlato, così come è attiva nelle vocalizzazioni silenziose che possono occorrere durante la visione di filmati. Quindi, l'attività corticale a questa latenza temporale potrebbe indicare una tendenza a vocalizzare (in maniera silenziosa e forse anche inconscia) le marche, come una parte di strategia che aiuta la decisione quando questa si presenta difficoltosa. L'attività presso la corteccia orbitofrontale (lettera J nella Fig. 6.4) può essere spiegata alla luce del fatto che durante la scelta impredicibile occorre valutare gli esiti della scelta in termini di convenienza. Questa interpretazione deriva dalle considerazioni fatte anche nelle pagine precedenti relative al ruolo della corteccia orbitofrontale durante le fasi del decision-making. Presi globalmente, questi risultati iniziano a spiegare la complessa rete neuronale che è chiamata ad attivarsi durante le fasi di un semplice processo decisionale collegato all'acquisto di un prodotto. La generazione di una decisione è considerata una forma di processamento delle informazioni altamente condizionabile, sensibile alla complessità del compito relativo alla scelta da fare, alla fretta in cui tale decisione deve essere presa, e una varietà di altri fattori.

In un recente studio (Knutson et al., 2007) si sono analizzate le aree cerebrali coinvolte nella decisione di acquistare un prodotto durante una fase simulata di shopping. L'idea proposta da tali autori è quella che possa esistere una specie di competizione fra l'immediato piacere dell'acquisto e l'immediato dispiacere (dolore) relativo al pagamento. Ai soggetti sperimentali erano mostrate immagini di prodotti disponibili per l'acquisto, e dopo un breve intervallo temporale veniva mostrato il prezzo relativo a tali prodotti. A tal punto ai soggetti veniva offerta l'opportunità di comperare tali prodotti. Esistevano in questo protocollo sperimentale tre particolari momenti; il primo quando il prodotto veniva offerto, il secondo relativamente alla presentazione del prezzo dello stesso e il terzo momento relativo alla decisione di eseguire o no l'acquisto. I soggetti durante queste tre fasi erano all'interno del dispositivo di misura basato sulla risposta emodinamica cerebrale (fMRI). Dopo la sessione di acquisizione dell'attività cerebrale i soggetti in un intervista generavano una scala di preferenze per desiderabilità e prezzo che avrebbero pagato per i prodotti visionati. Queste due misure comportamentali, insieme con la decisione relativa all'acquisto del prodotto stesso erano impiegate nell'analisi per separare le attività cerebrali relativamente ai prodotti che si sarebbero acquistati da quelli che invece non si sarebbero acquistati. Il principale risultato è stato che le l'attività di una area particolare del cervello, detta Nucleus Accumbens (NAcc) era molto marcata durante le decisioni che generavano l'acquisto del prodotto, mentre le differenze sul prezzo esposto e quello che il soggetto sarebbe stato disposto a pagare generavano un segnale nelle aree prefrontale mesiali della corteccia cerebrale (MPFC). Inoltre, gli stessi autori osservavano una grande attività in una regione cerebrale detta "insula" quando si osservavano prodotti che non si sarebbero comprati. Come già detto in precedenza, questa area corticale appare anche fortemente coinvolta nel processamento dell'attesa di stimoli dolorifici nell'uomo. Quindi, in un certo senso l'attività cerebrale osservata appariva fortemente correlata all'acquisto o no di un prodotto, e l'osservazione di tale attività poteva quindi "predire" l'acquisto dello stesso, eseguito nell'intervista successiva dai soggetti sperimentali.

Occorre dire che le aree cerebrali risultate "predittrici" di un particolare comportamento dei soggetti sperimentali durante questo "shopping" virtuale sono già note da parecchi anni nella letteratura scientifica specializzata. In particolare, il NAcc è stato osservato attivarsi durante i processi di ricompensa in numerosi studi su soggetti umani e primati, in cui i soggetti sperimentali avevano l'esperienza di ricompense economiche (Breiter et al., 2001) oppure di cibo desiderato (Doherty et al., 2002). Il NAcc fa parte della formazione cerebrale striata, e riceve proiezioni corticali principalmente dal sistema limbico e dalla corteccia paralimbica (si rivedano i capitoli iniziali per la localizzazione di tali strutture cerebrali nell'uomo) Il NAcc attualmente appare come uno snodo importante nel circuito che converte la motivazione nella azione vera e propria dell'individuo (Mogenson et al., 1980).

Nello studio di Knutson e colleghi sopra riportato, l'attivazione di tale area avviene durante la visione di un prodotto che si intende acquistare. Nello stesso momento, se la decisione invece è di non acquistare il prodotto a causa del suo prezzo, la parte della corteccia cerebrale detta "insula" è invece molto attiva. Tale area è stata invece vista attivarsi fortemente in letteratura nelle situazioni in cui il soggetto sperimentale si trova in condizioni di rischio (Sanfey et al., 2003). L'insula quindi può guidare il comportamento del soggetto durante le fasi di rischio anche economico.

Sempre nello stesso studio, l'attivazione dell'area corticale prefrontale era molto forte quando il prezzo dell'oggetto da acquistare era più basso di quello che il soggetto sperimentale era disposto a pagare. Questo comportamento di questa area cerebrale è stato osservato anche durante altri studi di neuroscienze, in cui si è notato una attivazione durante la valutazione delle differenze di guadagno monetario fra quello ipotizzato dai soggetti sperimentali e quello realmente ottenuto dagli stessi (Knutson et al., 2003).

Ovviamente, il fatto che una particolare area cerebrale sia attiva durante uno studio in cui i soggetti osservano dei prodotti e decidono, sulla base del prezzo dello stesso prodotto, per l'acquisto o meno non significa necessariamente che tale area codifica esattamente l'azione dell'acquisto, o come si sente spesso dire, non vuol dire che sia "il bottone dell'acquisto" cerebrale. Per esempio, l'area NAcc che è stata osservata attivarsi durante lo studio illustrato precedentemente è stata vista attivarsi in contesti in cui il soggetto sperimentale si confrontava con la novità degli stimoli, o con un cambio nelle regole del compito sperimentale che il soggetto doveva seguire. Il modo più corretto di esporre quindi questi risultati può essere quello di dire che in tale contesto sperimentale il NAcc è sicuramente una stazione di integrazione dei segnali cerebrali che si generano in risposta ai requisiti del compito sperimentale proposto al soggetto. In maniera simile la corteccia mediale prefrontale (MPFC) è stata già vista essere coinvolta nei processi attentivi, che non sono necessariamente connessi all'acquisto o alla valutazione di particolari guadagni economici.

Nella vita reale la decisione dell'acquisto è il risultato di una serie di azioni di pianificazione, riflessione e decisione che sono mediate da attivazioni in diverse parti della corteccia cerebrale, quali le aree prefrontali mediali e laterali. Come questi sistemi corticali siano connessi con il sistema limbico per la "coloritura" emotiva della decisione ancora non è noto, né è noto quali siano i neurotrasmettitori coinvolti in tale operazione. Una cosa che vale la pena di ricordare è che i circuiti neuronali di cui siamo dotati esistono nella specie umana da molto tempo prima che i concetti di acquisto o prezzo fossero introdotti nella storia dell'uomo. Tali circuiti, come già accennato nella sezione cinque di questo libro, si sono essenzialmente sviluppati nel corso dell'evoluzione dell'uomo per poter supportare decisioni relative alla scelta del compagno, o per la ricerca del cibo. Oggi, questi stessi circuiti neuronali si devono invece confrontare con concetti astratti quali il rapporto fra il prezzo di un oggetto e le sue qualità e così via. Probabilmente, i circuiti cerebrali che sono principalmente preposti per la selezione di un particolare cibo o compagno divengono meno efficaci nel momento di scegliere una particolare marca di una bevanda, o durante una trattativa economica rilevante.

## 6.6 Che cos'è il neuromarketing

Negli scorsi anni si è visto come le tecniche di visualizzazione in vivo dell'attività cerebrale negli uomini (brain imaging) abbiano consentito ai neuroscienziati di poter investigare molte funzioni cerebrali, e localizzare le aree corticali e sottocorticali che le supportano. Le discipline della psicologia e della fisiologia hanno iniziato immediatamente ad applicare le tecniche di brain imaging descritte nei capitoli precedenti per aumentare le conoscenze sul funzionamento del cervello. Altre discipline debbono, invece, ancora iniziare ad impiegare questi strumenti per la ricerca nei loro campi. In particolare l'economia ha iniziato recentemente a usare il brain imaging nella ricerca scientifica, e nelle pagine precedenti abbiamo cercato di descrivere alcuni concetti propri delle neuroscienze che possono essere di interesse in questo campo di studi. Come è stato già mostrato nei precedenti capitoli, la neuroeconomia è una disciplina in piena espansione, come dimostra la recente letteratura scientifica in tal senso (consultare per esempio Braeutigam, 2004). In questo movimento di conoscenza scientifica, la scienza del marketing è rimasta invece abbastanza indietro nel trarre beneficio dall'imaging cerebrale. Ci sono diverse ragioni per cui questo è avvenuto. Una ragione risiede nel fatto che i dipartimenti di economia e marketing non avevano negli scorsi anni un facile accesso alle tecnologie di brain imaging, quali quelle di risonanza magnetica funzionale (fMRI) oppure di elettroencefalografia (EEG) descritte in un certo dettaglio nei capitoli 3 e 11 di questo libro. Oggi questa difficoltà è superabile per i dipartimenti di marketing situati in università medio-grandi, in cui esiste la disponibilità di impiegare in maniera relativamente facile dispositivi di brain imaging quali l'fMRI oppure l'EEG ad alta risoluzione spaziale.

Esistono tuttavia ancora barriere di tipo culturale per la collaborazione fra i campi delle neuroscienze e del marketing, barriere generate dal dibattito se sia giusto applicare le tecnologie di brain imaging per trovare il "bottone dell'acquisto" nel cervello. In effetti, va sottolineato come la ricerca nel campo del marketing nelle scuole universitarie di economia è piuttosto orientata alla conoscenza del comportamento rilevante ai fine del marketing del singolo nonché dei gruppi di persone, invece che alla promozione dell'acquisto di un particolare bene o servizio.

È comprensibile che l'idea di valutare i correlati neurologici del comportamento del consumatore mediante le tecniche di brain imaging abbia causato una eccitazione considerevole negli ambienti del marketing. Sebbene possa essere pensato che il neuromarketing sia solo l'applicazione delle tecniche di neuroimaging al comportamento del consumatore, e come questi possa rispondere alle varie marche e prodotti, questa definizione è invece riduttiva. La disciplina delle neuroeconomia, descritta nelle pagine precedenti, viene definita come "l'applicazione delle metodiche neuroscientifiche per l'analisi e la conoscenza dei comportamenti umani di interesse per l'economia". Seguendo tale definizione, il neuromarketing è allora il campo di studi che applica le metodiche proprie delle neuroscienze per analizzare e capire il comportamento umano in relazione ai mercati e agli scambi di mercato. Il contributo delle metodiche proprie delle neuroscienze per la conoscenza del comportamento umano nell'ambito del marketing può allora essere rilevante. Infatti, il problema fondamentale è quello di poter superare la dipendenza delle misure oggi impiegate per l'analisi del comportamento umano dal soggetto di studio stesso. Queste misure dipendono dalla buona fede e dall'accuratezza con cui il soggetto sperimentale riporta le proprie sensazioni allo sperimentatore. L'impiego delle tecniche di brain imaging può separare il vissuto "cognitivo" del soggetto (ed espresso poi verbalmente durante l'intervista) dall'attivazione delle aree cerebrali relative a differenti stati mentali di cui il soggetto stesso può non avere consapevolezza cosciente. Questa ultima considerazione è interessante alla luce del fatto che recenti ricerche di neuroscienze hanno suggerito che differenti aree cerebrali sono associate con stimoli piacevoli e gratificazioni di vario genere nei soggetti umani. Si è già detto ad esempio dell'esperimento condotto da un gruppo di neuroscienziati tedeschi che ha mostrato come la visione di macchine sportive evochi una più ampia attività delle zone frontali cerebrali (in particolare orbitofrontali, cingolo anteriore) che non la visione di macchine utilitarie (Erk et al., 2002). È noto come tali aree cerebrali (descritte nel capitolo 2 di questo libro) siano associate a stimoli piacevoli e di gratificazione nell'uomo. È stato descritto anche poche pagine fa che è stato mostrato che negli USA la preferenza dei soggetti sperimentali per la Coca-Cola invece che per la Pepsi era sostenuta da un circuito cerebrale comprendente la corteccia prefrontale dorsolaterale e l'ippocampo quando i soggetti sapevano di bere Coca-Cola anziché Pepsi-Cola. Tale circuito cerebrale è coinvolto nella generazione di stimoli di gratificazione per l'uomo. A riprova della gratificazione di tipo "culturale" offerta dalla conoscenza della marca durante la degustazione, la stessa esperimentazione ha mostrato che questi circuiti non erano attivati durante il test delle bevande eseguito cieco. Questo significa che la nozione decisiva per la preferenza della Coca-Cola anziché Pepsi-Cola in quei consumatori era legata alla presenza di una gratificazione legata al marchio della bevanda anziché al gusto della stessa.

Questi due esempi più volte descritti nel libro sono interessanti perché mostrano alcune possibilità offerte dalle tecniche di neuroimaging applicate a ricerche scientifiche orientate a comprendere le scelte dei soggetti sperimentali rispetto all'acquisto di particolari beni. L'applicazione delle tecniche di imaging cerebrale a problemi di marketing dovrebbe riuscire a far comprendere meglio l'impatto di particolari tecniche di marketing, così come dovrebbe farci conoscere meglio gli aspetti del funzionamento cerebrale relativamente a problemi di interesse per il marketing stesso (per esempio la "fiducia" nelle relazioni commerciali).

È importante sottolineare come le tecniche di neuroimaging cerebrale possono anche contribuire all'etica del marketing in differenti modi. Un primo modo è quello di analizzare l'effettivo impatto cerebrale della pubblicità proposta al soggetto sperimentale, con un obbiettivo più ampio che non quello di trovare l'ipotetico "bottone dell'acquisto" all'interno del cervello. Infatti, esplorando esattamente quali elementi di una particolare messaggio pubblicitario siano critici ai fini dell'attenzione e alla valutazione del prodotto da parte dei possibili acquirenti finali, si potrebbe abbassare l'impiego delle pubblicità scioccanti, o con un contenuto sessuale esplicito. L'applicazione delle neuroscienze al marketing potrebbe avere come obbiettivo ultimo la conoscenza di come il cervello possa creare, immagazzinare e richiamare informazioni circa i prodotti e le marche di beni e servizi nella vita di ogni giorno. Inoltre, potrebbe essere possibile scoprire se certi aspetti di messaggi pubblicitari possano innescare effetti negativi socialmente, come per esempio l'acquisto compulsivo. Infatti, sono stati appena descritti i processi neurali che avvengono in persone normali durante le fasi della decisione di acquisto di beni (Knutson et al., 2007). In un futuro tali tecniche potrebbero essere applicate direttamente ai consumatori "ossessionati" dall'acquisto, per una migliore determinazione della loro patologia e per inferire possibili processi curativi.

In conclusione, i prossimi anni ci diranno quali promesse saranno mantenute da parte delle tecniche di indagine cerebrale applicate ai problemi economici e di scelta di particolari beni e servizi che fanno capo ai campi di ricerca della neuroeconomia e del neuromarketing. È comunque evidente che molti concetti relativamente ai campi dell'economia e del marketing dovranno essere introdotti nei prossimi anni, per tenere conto in maniera più precisa delle conoscenze che verranno acquisite dall'analisi del comportamento del cervello umano "osservato" durante trattative economiche o durante la scelta di un particolare prodotto.

# Capitolo 7

# Uno studio di brain imaging dei processi di memorizzazione su filmati TV commerciali

Nei capitoli precedenti si sono illustrati alcuni concetti relativi al modo in cui il cervello è organizzato ed esegue alcune decisioni nella vita di tutti i giorni. Si sono anche illustrati i correlati neuronali dell'attività cerebrale durante alcuni particolari compiti di interesse per l'economia o il marketing, legati alla scelta di particolari prodotti o alla capacità di condurre una transazione economica fra due soggetti. In questo capitolo si vuole descrivere come le moderne tecniche di brain imaging possano fornire alcuni dati circa le aree cerebrali coinvolte nella memorizzazione di particolari spot commerciali TV, nel primo studio scientifico italiano su questo argomento.

In particolare, in questo capitolo verranno presentati alcuni risultati relativi ad uno studio scientifico condotto dagli autori, in collaborazione con il gruppo di imaging neuroelettrico cerebrale presso il Dipartimento di Fisiologia umana e Farmacologia dell'Università di Roma "La Sapienza". Si è voluto seguire l'attività cerebrale durante la visualizzazione di una serie di particolari spot televisivi commerciali, inframmezzati all'interno della visione di alcuni documentari naturalistici di una durata prefissata.

Lo scopo era quello di visualizzare, con la tecnica dell'EEG ad alta risoluzione spaziale, le regioni della corteccia cerebrale massimamente attive durante la visione da parte dei soggetti sperimentali degli spot commerciali che sarebbero poi stati ricordati meglio dieci giorni dopo la visione. Mediante tale procedimento sperimentale si sono impiegati diverse tecniche di processamento dei segnali EEG, la cui spiegazione dettagliata esula dagli scopi di questo libro. La descrizione matematica di tali tecniche può essere trovata nella letteratura scientifica specializzata prodotta dagli autori stessi (Babiloni et al., 2005) o nell'appendice presentata nel capitolo 11. In questo libro questo esempio è riportato per dare conto di come le moderne tecniche di neuroimaging possano effettivamente fornire informazioni aggiuntive circa l'attività cerebrale dei soggetti durante la visualizzazione e la memorizzazione di particolari clip commerciali. In particolare verranno illustrati i procedimenti dell'elaborazione dei dati che consentono di stimare come le diverse aree corticali "collaborano" durante la visione e la eventuale memorizzazione di uno spot pubblicitario, a partire dai dati

F. Babiloni, V.M. Meroni, R. Soranzo, *Neuroeconomia, Neuromarketing e Processi decisionali*
© Springer, Milano, 2007

ottenuti da registrazioni EEG. Nei paragrafi successivi di questa sezione saranno allora presentati il piano sperimentale dell'esperimento, e i risultati principali. Tali risultati verranno poi inquadrati nell'ambito della letteratura scientifica internazionale relativa all'argomento in questione.

## 7.1  Metodologia della ricerca

Allo studio hanno partecipato 10 soggetti (10 maschi con età media 31.5 ± 8 anni). Dopo la spiegazione delle finalità dello studio stesso i soggetti hanno dato in forma scritta il loro consenso a partecipare alla sperimentazione. Questo gruppo sperimentale è stato sottoposto per cinque giorni consecutivi alla visione di alcuni documentari televisivi, un documentario diverso per ogni giornata. La programmazione veniva interrotta ad intervalli di tempo regolari da un blocco pubblicitario composto da una serie di clip commerciali. Il numero totale degli spot che ciascun soggetto ha visionato durante ogni documentario è pari a diciotto, sei per ogni blocco, con ordine di trasmissione differente a seconda della giornata. Nove spot erano relativi a marche note internazionalmente, mentre gli altri nove erano invece relativi ad organizzazioni no-profit umanitarie. Infatti, una possibile ipotesi di lavoro era quella che la visione di spot relativi ad organizzazione no-profit (supposti a contenuto più emozionale che non quelli commerciali) potesse dar luogo a differenze nel ricordo da parte dei soggetti sperimentali. Per tale motivo è stato necessario un preliminare procedimento di doppiaggio di tali clip, dall'inglese all'italiano. Tutto ciò è stato fatto per avere la certezza che nessuno dei soggetti sperimentali avesse mai avuto occasione di visionare i clip in precedenza, essendo lo studio concernente la memorizzazione di quest'ultimi. Il paradigma sperimentale ha previsto la visione del filmato e la contemporanea registrazione EEG ad alta risoluzione spaziale nel primo, terzo e quinto giorno, limitando l'esperimento alla sola visione dei filmati con i clip commerciali nel secondo e quarto giorno. La raccolta di dati sperimentali è stata completata sottoponendo ciascun soggetto sperimentale a due interviste, rispettivamente il quinto giorno di visione dei filmati e a dieci giorni di distanza dalla visione dell'ultimo filmato. Il paradigma sperimentale impiegato è riassunto nella Figura 7.1. L'intervista consisteva nella presentazione ai soggetti sperimentali di fogli in cui erano riassunte 6 immagini relative ad un particolare spot (storyboard) che poteva o non poteva essere stato presentato al soggetto sperimentale. Il 50% dei fogli presentati in questo ultimo test erano relativi a spot mai visti dal soggetto sperimentale. Durante il colloquio con l'intervistatore a ciascun soggetto è stato chiesto di ricordare spontaneamente gli spot pubblicitari che comparivano nei filmati che aveva visionato; gli spot pubblicitari elencati dal soggetto in questa fase sono stati classificati con la sigla Rspo (Ricordo spontaneo). Il colloquio con lo sperimentatore avveniva anche con la registrazione dei dati EEG dal soggetto sperimentale, per caratterizzarne l'attività cerebrale durante l'intervista.

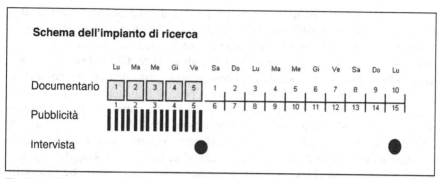

**Fig. 7.1** La figura presenta il piano sperimentale seguito per la ricerca trattata nel presente capitolo. All'interno della presentazione del documentario, sempre diverso per contenuti, erano presenti tre sequenze di videoclip commerciali, ognuna composta da sei videoclip di 30 secondi l'uno. Le sequenze di videoclip in ogni giornata erano randomizzate, per evitare fenomeni di polarizzazione dovute alla sequenza di presentazione. I pallini rappresentano le interviste eseguite alla fine dei cinque giorni di proiezione dei filmati, e dopo 10 giorni dalla fine delle proiezioni

Successivamente, tutti gli spot non citati dal soggetto durante la fase precedente venivano elencati allo stesso da parte dell'intervistatore e classificati con la sigla Rind (Ricordo indotto-spontaneo) oppure Dim (Ricordo mancato) a seconda che il soggetto ricordasse lo spot citato o meno. Per l'acquisizione dei dati è stato usato un sistema EEG-HR composto da un blocco di 3 amplificatori a 32 canali ciascuno (BrainAmp, Brainproducts GmbH, Germany). Sono stati registrati i potenziali elettrici da 59 elettrodi disposti sullo scalpo mediante una cuffia seguendo un'estensione dello standard 10-20 (vedi Fig. 7.2).

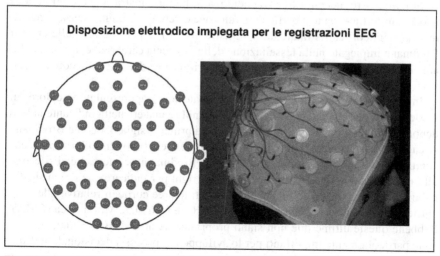

**Fig. 7.2** In questa figura è mostrata la disposizione degli elettrodi impiegata per la registrazione dell'attività elettrica sullo scalpo nei soggetti sperimentali

Sono stati impiegati modelli realistici della testa dei soggetti sperimentali ottenuti laddove possibile dalle immagini di Risonanza Magnetica dei soggetti stessi, oppure la conformazione di una testa media realistica con corteccia cerebrale, dura madre, cranio e scalpo ottenibile dall'Università McGill di Montreal. Questi modelli di testa realistici hanno poi consentito la stima dell'attività corticale a partire dalle misure di dati EEG mediante le procedure matematiche conosciute come "problema lineare inverso elettromagnetico". La trattazione matematica di tale problema esula dagli scopi di questo libro e peraltro non è cruciale ai fini della discussione che qui si sta sviluppando dell'impiego delle tecniche neuroscientifiche nel campo dell'analisi dei processi di decision-making dei soggetti umani, e quindi non verrà affrontata in questa sede. Per i lettori che volessero saperne di più, tali procedure matematiche possono essere trovate in dettaglio negli articoli scientifici prodotti dagli autori e pubblicati sulle riviste internazionali scientifiche citate nella bibliografia di questo libro (Babiloni et al., 2001, 2003,2004, 2005). Comunque, il capitolo 11 illustra alcuni formalismi matematici impiegati nella stima dell'attività e della connettività corticale a partire dall'impiego dei dati di EEG ad alta risoluzione spaziale.

L'attività elettrica corticale è stata allora stimata, a partire dalle registrazioni EEG, sulla superficie della corteccia cerebrale modellata in ogni soggetto sperimentale. Il dettaglio spaziale dei modelli di corteccia cerebrale è molto alto, avendosi una parcellizzazione di tale corteccia in circa 5000 triangoli di pochi millimetri quadrati ognuno. L'attività corticale è stata analizzata riferendosi non ad ogni singolo triangolo impiegato per segmentare la superficie della corteccia cerebrale, ma impiegando l'attività elettrica cerebrale media stimata in ognuna delle aree di Brodmann del modello di corteccia impiegato. Si ricorderà che le aree di Brodmann, come già detto, sono aree corticali omogenee dal punto di vista citoarchitettonico e funzionale.

In particolare, decenni di sperimentazioni hanno mostrato che ogni area di Brodmann sottintende una particolare funzione cerebrale. È quindi sensato mediare le attività corticali stimate dalle registrazioni EEG per ognuna delle aree di Brodmann impiegate nella tessellazione della corteccia cerebrale considerata. Le aree impiegate per il presente studio di memorizzazione dei videoclip commerciali sono raffigurate nella successiva Fig. 7.3.

In tale figura le aree di Brodmann impiegate sono rappresentate in colore sul modello di corteccia cerebrale in grigio, con inoltre una etichetta indicante la loro denominazione. L'etichetta è tale che presenta prima la sigla BA come Brodmann Area e successivamente il numero relativo a tale area. Il postfisso L o R nell'etichetta indica Left per indicare che l'area di Brodmann in questione si riferisce all'emisfero cerebrale sinistro, oppure R per right per indicare che l'area si riferisce all'emisfero destro. Sono anche presenti le aree corticali relative alle zone corticali dette Anterior Cingolate Cortex (ACC) e Cingolate Motor Area (CMA). Sebbene queste ultime due non siano propriamente aree di Brodmann, tuttavia sono particolarmente importanti per lo sviluppo dei processi decisionali nell'uomo considerati in questo studio.

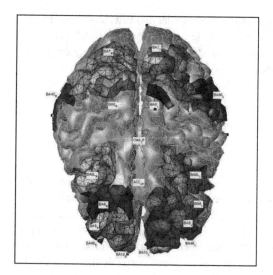

**Fig. 7.3** La figura presenta la ricostruzione corticale di un particolare soggetto sperimentale vista dall'alto.La parte frontale cerebrale è orientata verso il basso, mentre la parte occipitale è in alto. In figura sono evidenziate, contro lo sfondo corticale grigio, le 20 regioni di interesse selezionate; accanto ad ognuna è presente un'etichetta che ne specifica il nome. Tali regioni di interesse sono coincidenti con alcune aree di Brodmann relative alle aree prefrontale, orbitofrontali e parietali, di interesse per questo studio sperimentale

## 7.2 Analisi dell'attività cerebrale durante la visione degli spot

I dati EEG registrati durante la visione degli spot pubblicitari sono stati quindi organizzati in tre dataset distinti, in accordo ai risultati del ricordo del soggetto durante l'intervista dopo 10 giorni rispetto alla prima esposizione a tutti gli spot commerciali visti. In particolare, il primo set di dati EEG è stato quello relativo prelevato dai soggetti durante la visione di spot che sarebbero stati successivamente "ricordati" dal soggetto. Il secondo insieme di dati EEG è stato quello relativo registrato dai soggetti sperimentali durante la visione di spot commerciali che non sarebbero stati ricordati dai soggetti stessi durante l'intervista 10 giorni dopo la loro prima visione. Il terzo insieme di dati è composto dai dati EEG ottenuti durante la visione degli spot che sarebbero stati ricordati dai soggetti sperimentali solo dopo un aiuto da parte dell'intervistatore (ricordo indotto-sollecitato). Questi set di dati EEG sono stati prima analizzati per rimuovere l'attività elettrica indotta da aggiustamenti posturali, ammiccamenti oculari e quante altre attività elettriche non cerebrali prodotte dalle involontarie contrazioni dei muscoli temporali o frontali. Esistono tecniche sofisticate che consentono agevolmente di fare questo senza modificare l'attività cerebrale registrata. Sull'insieme di dati EEG ripulito dagli artefatti di varia natura è stato possibile applicare le procedure matematiche di stima dell'attività corticale nelle varie regioni di interesse prima descritte. Si è arrivati quindi a disporre delle forme d'onda dell'attività corticale come se si fosse registrato direttamente dentro la testa dei soggetti sperimentali (si vedano i passi logici dell'analisi descritti nella Figura 3.5 del capitolo 3).

Successivamente, una volta a disposizione le forme d'onda dell'attività corticale sulla superficie cerebrale è stato possibile applicare l'analisi spettrale che rende conto delle oscillazioni ritmiche che sono presenti all'interno dei dati EEG analizzati. In particolare, è stato analizzato il comportamento delle forme d'onda corticali nel dominio della frequenza, impiegando anche in questo caso le bande di frequenza teta, alfa, beta e gamma descritte (si veda il cap. 3).

## 7.3    Come cooperano le aree corticali durante la visione di spot commerciali?

L'analisi della semplice attività elettrica cerebrale non è da sola informativa dei processi che si sviluppano a livello delle regioni di interesse considerate. Infatti, una informazione cruciale è anche racchiusa nell'individuazione di quali sono le "sinergie" o le "collaborazioni" fra le diverse aree corticali durante la visione degli spot commerciali, come in questo caso. Una misura di collaborazione fra le diverse aree cerebrali allora diviene importante per evidenziare le reti corticali attive durante la visione degli spot commerciali. Tali reti corticali sono intese come insieme di aree cerebrali che cooperano nel soggetto sperimentale durante l'esecuzione di un particolare compito sperimentale. Infatti, raramente nel cervello una singola area cerebrale agisce in maniera separata dalle altre, ed è piuttosto l'analisi del particolare "team" corticale attivo durante un compito sperimentale che può restituire una informazione significativa sui processi in corso nel soggetto sperimentale. A tal fine occorre impiegare una qualche misura matematica di correlazione fra le attività delle regioni di interesse cerebrale stimate durante la visualizzazione di spot commerciali. Anche in questo caso esistono precisi metodi matematici per la stima della connettività corticale a partire da dati EEG. Il lettore interessato può far riferimento agli articoli scientifici degli autori, pubblicati sulle riviste internazionali citate (Babiloni et al., 2005; Astolfi et al., 2004) o alla sommaria descrizione delle metodiche presentata nel capitolo 11 di questo libro. In questo contesto è sufficiente sapere che mediante l'impiego di opportune metodiche di calcolo è possibile stimare il grado di cooperazione fra aree cerebrali in generale durante un compito assegnato in generale, e in particolare in questo caso durante la visualizzazione degli spot trasmessi durante l'esperimento.

Le figure tipiche che mostrano il grado di correlazione fra aree sulla superficie corticale vengono rappresentate mediante frecce, che partono dall'area corticale che "trasmette" o "comanda" l'attività di una seconda area corticale, che è invece la destinazione della freccia. È possibile osservare una tipica rappresentazione del pattern di connettività corticale nello studio di EEG ad alta risoluzione spaziale in Figura 7.4, in cui è presentato un pattern di connettività corticale durante un semplice compito sperimentale. Le frecce sono colorate in tono di grigio, e la scala di grigi di tali frecce indica l'intensità della connessione che viene stabilita durante il compito sperimentale fra le aree corticali investigate. Una freccia parte dalla regione corticale che comanda l'attività e arriva nella regione corticale che riceve tale segnale.

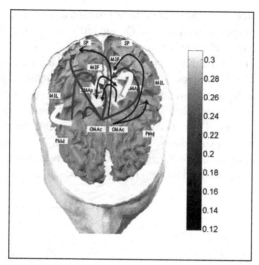

**Fig. 7.4** Pattern di connettività corticale stimata da dati di alta risoluzione EEG su di un modello realistico di testa. Ogni freccia rappresenta una connessione funzionale fra due aree corticali durante l'esecuzione del compito sperimentale per il soggetto. In particolare, la freccia parte da una particolare regione corticale e arriva su di un'altra regione corticale. Il significato di ogni freccia rappresentata è che la regione corticale all'origine della freccia "comanda" o "coordina" l'attività della regione corticale interessata dalla punta della freccia medesima. In tal modo si disegnano delle reti corticali che sono attive durante i compiti sperimentali proposti ai soggetti, come nel presente disegno sperimentale. La scala a livelli di grigio sulla destra della figura codifica l'intensità della connessione corticale indicata dalle frecce. Più i livelli di grigio sono chiari più la connessione fra le due aree corticali è forte. Tutte le connessioni rappresentate sono comunque statisticamente significative, e quindi non dovute al caso

Vengono così disegnati pattern di connettività corticale che sono suscettibili di analisi statistica e di successivi trattamenti matematici. È possibile generare tali pattern corticali di connettività per ogni banda di frequenza considerata, cosicché si può disegnare un modello di cooperazione fra aree corticali in una certa banda di frequenza (per esempio nella alfa, con oscillazioni del segnale EEG cioè principalmente fra 8 e 12 Hz, o in una banda di frequenza beta, con oscillazioni del segnale EEG principalmente fra 13 e 20 Hz). Questa considerazione è importante in quanto è noto che una intensa attività di memorizzazione da parte del soggetto sperimentale è legata a ritmi EEG in banda teta o alfa.

## 7.4 Risultati sperimentali

I risultati sperimentali ottenuti per l'esperimento descritto nella popolazione di soggetti sani sono quindi presentati di seguito in questo paragrafo, impiegando le metodiche di stima della connettività fra reti corticali accennate in precedenza. Sono state evidenziate delle reti neuronali attive durante la visualizzazione di spot che sono stati ricordati dai soggetti sperimentali (Rspo). Queste reti sono qualitativamente differenti dalle reti corticali attive durante la visione degli spot commerciali che non sono stati ricordati dai soggetti sperimentali stessi (Dim). In particolare, è stato visto che durante la visione dei filmati commerciali che sono stati ricordati dai soggetti sperimentali una decina di giorni dopo l'esposizione alla prima serie di spot, erano molto attive le aree corticali frontali, in congiunzione con quelle parietali in entrambi gli emisferi destro e sinistro. Viceversa, l'attività corticale e le reti corticali che erano attive durante la visualizzazione degli spot che non sono stati ricordati una decina di giorni dopo la prima esposizione erano molto diverse da quelle che invece sostenevano la memorizzazione degli spot stessi. Un confronto fra tali reti corticali è mostrato in Figura 7.5.

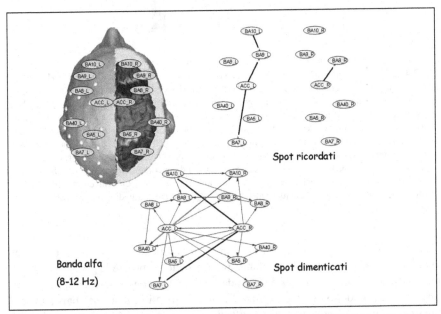

**Fig. 7.5** La figura presenta le reti corticali osservate mediante le registrazioni EEG ad alta risoluzione nella popolazione di soggetti durante la visione di spot commerciali che verranno successivamente ricordati dai soggetti stessi dopo 10 giorni l'ultima loro esposizione (Spot ricordati, in alto a destra nella figura). Sempre nella stessa figura, in basso a sinistra sono rappresentate le reti corticali attive durante la visione di spot commerciali che non verranno ricordati dai soggetti sperimentali dopo 10 giorni. Le reti corticali sono rappresentate per mezzo di cerchi che simbolizzano le varie aree di Brodmann cerebrali. Il cervello è visto dall'alto, con la parte frontale in alto. Ogni freccia disegnata rappresenta una connessione funzionale statisticamente significativa fra le aree corticali coinvolte, connessione funzionale ottenuta mediante l'applicazione delle tecniche di alta risoluzione EEG descritte nei capitoli precedenti. Le reti corticali per il ricordo e il non ricordo degli spot televisivi sono state ottenute nella banda di frequenza alfa, considerando le oscillazioni dell'EEG fra 8 e 12 Hz. In alto a sinistra nella figura c'è la rappresentazione di una testa, con l'indicazione delle aree di Brodmann impiegate per l'analisi. I bollini bianchi sullo scalpo rappresentano le posizioni elettroniche impiegate per la registrazione del segnale EEG. I diversi livelli di grigio delle conessioni indicano differenti intensità nella connessione fra aree corticali. Ogni connessione fra aree corticali è rappresentata solo se statisticamente significativa, con p<0.0001

In particolare, in tale figura sono presentate le reti corticali osservate median-te le registrazioni EEG ad alta risoluzione nella popolazione di soggetti durante la visione di spot commerciali che sono stati ricordati dai soggetti stessi dopo 10 giorni l'ultima loro esposizione (Spot ricordati, in alto a destra nella figura). Sem-pre nella stessa figura, in basso a sinistra sono rappresentate le reti corticali atti-ve durante la visione di spot commerciali che non sono stati ricordati dai sogget-ti sperimentali dopo 10 giorni. Le reti corticali sono rappresentate per mezzo di cerchi che simbolizzano le varie aree di Brodmann cerebrali. Il cervello è visto dal-l'alto, con la parte frontale in alto. Ogni freccia disegnata rappresenta una con-nessione funzionale statisticamente significativa fra le aree corticali coinvolte, connessione funzionale ottenuta mediante l'applicazione delle tecniche di alta risoluzione EEG descritte nei capitoli precedenti. Le reti corticali per il ricordo e il non ricordo degli spot televisivi sono state ottenute nella banda di frequenza alfa, considerando le oscillazioni dell'EEG fra 8 e 12 Hz. In alto a sinistra nella figura c'è la rappresentazione di una testa, con l'indicazione delle aree di Brod-mann impiegate per l'analisi. I bollini bianchi sullo scalpo rappresentano le posi-zioni elettrodiche impiegate per la registrazione del segnale EEG. Il fatto di inte-resse per quanto riguarda la distinzione fra reti corticali attive durante la visione di spot commerciali che sono stati ricordati e quelle per gli spot commerciali che sono stati dimenticati dopo 10 giorni è relativa alla numerosità delle aree corticali coinvolte. Infatti, durante la visione di spot ricordati è possibile osservare dalla Fig. 7.5 un numero limitato di zone corticali coinvolte, principalmente nel circuito fronto-parietale sinistro, un circuito che coinvolge le aree orbitofrontali (area 10 di Brodmann), le aree dorsolaterali prefrontale (area 9 di Brodmann), la corteccia cingolata anteriore (Anterior Cingolate Cortex, ACC) e poi le aree parietali carat-terizzate dalla area di Brodmann 7, sempre dell'emisfero sinistro. Nel caso inve-ce della rete corticale attivata durante la visione di spot dimenticati, abbiamo una diffusa attivazione corticale sia nell'emisfero sinistro che in quello destro. In par-ticolare, sempre per la banda di frequenza alfa, si nota una generale connessione interemisferica, fra le cortecce cingolate anteriori (ACC) nonché con le aree dor-solaterali prefrontale (aree di Brodmann 9 e 46) in entrambi gli emisferi. Il qua-dro di connettività è quindi molto diffuso, il che equivale a una generale non atti-vità specifica che si rifletterà infatti dal punto di vista del comportamento macro-scopico nella perdita del ricordo dello spot commerciale visto. Si può inoltre inter-pretare l'attività diffusa sia a livello frontale che parietale come un segno di una serie di processi paralleli che vengono svolti dal cervello del soggetto, distraen-do sostanzialmente l'attenzione del soggetto stesso dalla visione del filmato. La stessa situazione può sostanzialmente essere vista per quanto riguarda l'analisi dei dati EEG in una banda di frequenza fra 13 e 20 Hz, detta banda beta, rappre-sentata in Figura 7.6 Anche in questo caso la manifestazione più evidente delle dif-ferenze fra le reti corticali che supportano il ricordo di particolari classi di spot commerciali e quelle che invece non supportano tale ricordo va trovata nella nume-rosità delle connessioni osservate, statisticamente significative, fra le aree cerebrali considerate in questo studio.

Anche in questo caso è possibile vedere una attivazione delle aree prefrontali dorsolaterali di entrambi gli emisferi per quanto riguarda l'attività corticale durante la visione degli spot ricordati, coinvolgente le aree di Brodmann 8 e 9, nonché la corteccia cingolata anteriore (ACC), così come sono coinvolte le aree parietali (Brodmann area 5) di entrambi gli emisferi. Anche in questo caso, le reti corticali evidenziate durante l'osservazione di spot dimenticati nella banda di frequenza beta sono molto estese, impegnando virtualmente ogni area sottoposta ad analisi in questo studio. La conclusione che se ne può trarre è che un coinvolgimento di tutte le aree corticali non sembra specifico per il supporto dei meccanismi di ricordo descritti nei capitoli precedenti. Piuttosto, l'attivazione selettiva di particolari e selezionate reti corticali risulta fondamentale per poter supportare a livello nervoso centrale la memorizzazione

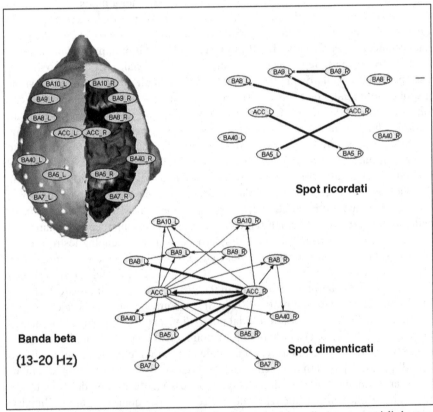

**Fig. 7.6** Rappresentazione delle aree corticali attive durante la visione di spot commerciali che sono stati ricordati o dimenticati dopo dieci giorni dall'ultima esposizione dei soggetti sperimentali a tali spot. Stesse convenzioni che nella figura precedente. Qui sono rappresentate le connessioni cerebrali attive nella banda di frequenza beta, con oscillazioni dell'EEG fra 13 e 20 Hz. I diversi livelli di grigio delle frecce indicano differenti intensità nella connessione fra aree corticali. Ogni connessione fra aree corticali è rappresentata solo se statisticamente significativa, con p<0.0001

dei particolari spot presentati. Una attivazione invece massiva ed estesa delle aree corticali è associata all'esecuzione di processi mentali concorrenti, che competono per l'attenzione del soggetto sperimentale, a scapito dei processi di memorizzazione legati alla visione degli spot proposti. La Figura 7.7 rappresenta allora una sintesi dei risultati sperimentali ottenuti nella presente investigazione scientifica, per quanto riguarda l'attivazione delle aree corticali nelle differenti bande di frequenza durante la visione di spot commerciali ricordati o dimenticati dopo 10 giorni dall'ultima presentazione al soggetto sperimentale.

In particolare, sono presentati le reti corticali specifiche che supportano i processi di memorizzazione che porteranno il soggetto sperimentale a ricordare gli spot visti anche dopo 10 giorni dall'ultima esposizione a questi (a sinistra nella figura) e quelle generi-

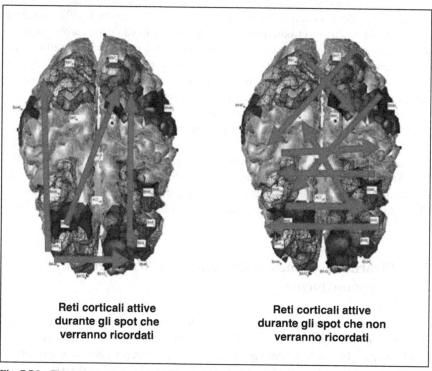

**Reti corticali attive durante gli spot che verranno ricordati**

**Reti corticali attive durante gli spot che non verranno ricordati**

**Fig. 7.7** La Figura presenta a sinistra la rete corticale attiva nella popolazione studiata comune alla visione degli spot commerciali che verranno ricordati 10 giorni dopo essere stati somministrati per la prima volta ai soggetti sperimentali. Il cervello è visto dall'altro, con la parte frontale rivolta verso il basso e la parte occipitale rivolta verso l'alto. In alto a destra della figura è rappresentata la rete corticale che è attiva nella popolazione di controllo quando si osserva uno spot commerciale che non verrà ricordato 10 giorni dopo la prima visione. È possibile osservare come la rete corticale relativa alla visione di materiale filmato che non verrà ricordato coinvolge massivamente tutti e due gli emisferi, generando una attività distribuita e confusa su tutto il cervello. Differentemente, l'attività corticale che sostiene la memorizzazione dei filmati è relativa alle zone prefrontali e a quelle parietali, in una maniera più specifica e ordinata che non nell'altro caso. Le aree corticali impiegate sono quelle già descritte nella Figura 7.4. Si noti che questa è una figura riassuntiva dell'attività corticale osservata, in quanto rappresenta la sintesi di tutti i risultati nelle varie bande di frequenza analizzate

che che non sono collegate a tali processi. Tale figura rappresenta quindi una sintesi costruita a tavolino dei dati sperimentali mostrati nelle Figure 7.5 e 7.6 e corroborata dall'analisi di altri dati sperimentali per le altre bande di frequenza analizzate (teta e gamma) qui non riportate per motivi di brevità e sintesi. Va osservato comunque come i risultati ottenuti siano in sintonia con ciò che è noto dalla ricerca scientifica. In particolare, è noto in tale campo che i circuiti corticali fronto-parietali supportano la memorizzazione a medio e lungo termine di immagini (specialmente per quanto riguarda la rete corticale fronto-parietale destra), mentre il materiale verbale (parole) è invece memorizzato tramite l'attività di una rete corticale fronto-parietale sinistra. Nello studio qui riportato le indicazioni dell'attività corticale e della rete neuronale nei soggetti che ricordano gli spot commerciali sono quindi in accordo con la letteratura scientifica. Infatti, i due percorsi di memorizzazioni attivati nel caso di visione degli spot che sono stati ricordati dai soggetti sperimentali (fronto-parietale destro e sinistro) indicano che entrambe le strategie di ricordo sono state eseguite dai soggetti stessi. Sia il ricordo delle immagini relative allo spot (circuito fronto-parietale destro) sia il ricordo delle parole connesse alle marche presentate nei videoclip commerciali (circuito frontoparietale sinistro). Di interesse è stata anche la possibilità di identificare un pattern di attività corticale particolarmente distribuito sul cervello, come segno di una diffusa attivazione non focalizzata sui processi di memorizzazione dei videoclip presentati.

Nel complesso questi risultati indicano che le tecniche avanzate di brain imaging basate sull'EEG ad alta risoluzione spaziale qui applicate allo studio dei processi di memorizzazione, in soggetti normali durante la visione di filmati commerciali TV, forniscono informazioni preziose circa l'attività cerebrale degli stessi soggetti durante tali filmati. Si ha quindi a disposizione uno strumento di indagine neuroscientifica per la verifica dei processi di attenzione, decision-making e memorizzazione che può essere affiancato o sostituito alle tecniche standard di brain imaging, quali la fMRI o la PET.

## 7.5    Ricordo spontaneo, sollecitato, ricordo attinente e riconoscimento

Come già detto il questionario verteva sul ricordo spontaneo, su quello sollecitato, sul ricordo attinente e quindi sul riconoscimento degli storyboard degli spot trasmessi. Nella Tabella 7.1 i dati sono stati riportati distintamente sia per i beni di largo consumo (BLC) sia per le comunicazioni no profit. Da notare che alla fine della trasmissione dei documentari e cioè al quinto giorno il ricordo attinente evidenzia un 53% mentre il riconoscimento è quasi al 98%. Questa è una prima conferma della differenza di capacità delle due memorie, quella esplicita e quella implicita. La memoria implicita alla quale fa capo il riconoscimento si è dimostrata molto più capace dell'esplicita (ricordo attinente). Si è anche potuto verificare che le comunicazioni emozionali (no profit) non hanno spuntato punteggi superiori ai beni di largo consumo. Al quindicesimo giorno, si assiste ad un incremento apprezzabile del ricordo attinente che dal 53% passa al 66%. Mentre il riconoscimento flette impercettibilmente dal 98% al 96%. Per quanto riguarda l'aumento del ricordo attinente questi sono contrari alle teorie correnti.

**Tabella 7.1** Dati del test rilevati al quinto e al quindicesimo giorno

| | Ricordo attinente | | | Advert. Awar. Tot | | Riconoscimento |
|---|---|---|---|---|---|---|
| | Totale | BLC | No Profit | BLC | No Profit | |
| media | 53,3 | 54,4 | 43,3 | 94,4 | 81,1 | 97,8 |

| | Ricordo attinente | | | Advert. Awar. Tot | | Riconoscimento |
|---|---|---|---|---|---|---|
| | Totale | BLC | No Profit | BLC | No Profit | |
| media | 65,6 | 67,8 | 47,8 | 98,8 | 78,9 | 95,7 |

Con dieci giorni di silenzio avremmo dovuto registrare una flessione sensibile. L'incremento registrato, che per il ricordo attinente è decisamente superiore all'errore standard, non può essere interpretato che come una rielaborazione delle informazioni immagazzinate nei primi cinque giorni. In particolare, questo dato può essere compreso alla luce della non indipendenza del campione sperimentale analizzato. Infatti, dato che i soggetti intervistati erano gli stessi sia dopo 3 che 10 giorni, esiste un effetto di "ripasso" dovuto al fatto che i soggeti nell'intervista a 5 giorni erano sollecitati a ricordare gli spot trasmessi. Questa sollecitazione al ricordo di tali spot può spiegare il non declino al ricordo attinente durante l'intervista al 10° giorno. Certo il campione è piccolo anche se omogeneo socioculturalmente e psicograficamente (si sono infatti intervistati e registrati persone laureate in materie scientifiche). L'attività EEG rilevata nel gruppo sperimentale durante il riconoscimento degli story board ha presentato in tutti i soggetti una diffusa attivazione delle aree fronto-parietali destre (aree di Brodmann 8, 9/46 e 7) sia nel caso a 5 che a 10 giorni. Non c'è infatti sostanziale differenza nell'attivazione cerebrale durante il riconoscimento dei videoclip raffigurati sugli storyboard, almeno per la sensibilità degli strumenti EEG che si sono impiegati nel presente studio. È stata notata, nel caso del riconoscimento a 10 giorni, una particolare attivazione cerebrale sia nel circuito fronto-parietale destro. Questo dato sperimentale può essere interpretato come il richiamo, durante la procedura di riconoscimento, di informazioni iconografiche (le immagini attivano il percorso destro cerebrale). La Figura 7.8 mostra le connessioni fra le aree corticali osservate durante il processo di riconoscimento delle immagini dei videoclip presentati.

Nella figura le frecce indicano le connessioni funzionali osservate mediante l'applicazione delle tecniche descritte in precedenza ai segnali EEG registrati durante la procedura di riconoscimento visivo. Si può osservare come le aree attivate siano essenzialmente concentrate nell'emisfero destro, e includa le zone frontali (con le aree di Brodmann 46, 9 e 8) e quelle parietali (con le aree di Brodmann 5 e 7). Una possibile spiegazione di tale pattern di attivazione corticale può essere ottenuta ricordando che studi recenti di neuroscienze hanno sottolineato come la connessione fronto-parietale nell'emisfero destro sia effettivamente impiegata per il recupero delle immagini e di materiale iconografico da parte del soggetto sperimentale. Nel caso invece dell'attività cerebrale durante la fase di ricordo attinente, le aree corticali osservate attive sono state quelle di entrambi gli emisferi , nella parte delle connessioni fronto-parietali.

Le aree corticali interessate sono essenzialmente le stesse di quelle osservate nel caso del ricordo spontaneo, sebbene in questo caso entrambi gli emisferi cerebrali risultano interessati. Questo fatto è consistente con la possibilità, già descritta in precedenza, di impiegare sia i processi di recupero del materiale iconografico (circuito fronto-parietale destro) sia i processi di recupero del materiale verbale associato ai videoclip osservati (circuito fronto-parietale sinistro). Nella figura 7.9 si osservano le connessioni cerebrali stimate mediante le registrazioni EEG durante questa fase dell'esperimento.

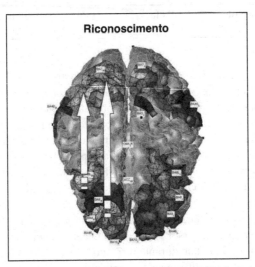

**Fig.7.8** La figura mostra le aree corticali con la nomenclatura di Brodmann di un cervello di un soggetto sperimentale. Le frecce bianche indicano le aree corticali che sono risultate cooperative durante il processo di riconoscimento delle immagini dei videoclip presentati

**Fig.7.9** Connessioni fra aree corticali per un soggetto sperimentale durante il test del ricordo attinente. Stesse convenzioni che nella figura precedente

In entrambi i casi di riconoscimento, si è osservata una rilevante attività dei lobi frontali, principalmente nella parte orbitofrontale sia destra che sinistra, genericamente coincidente con l'area 10 di Brodmann. Questa osservazione sperimentale è di interesse in quanto è noto da quanto detto estesamente in precedenza che l'attività dei lobi frontali, ed in particolare dell'area 10 di Brodmann, è associata al gradimento (o al disgusto) "sentito" da parte del soggetto alla visione del materiale pittorico o iconografico osservato. La corteccia orbitofrontale è una corteccia polimodale, in cui afferiscono gli input sensoriali secondari di udito, tatto e gusto. Inoltre, sempre tale area è connessa con i circuiti che coinvolgono anche diverse strutture sottocorticali quali l'amigdala, nonché indirettamente anche l'ipotalamo. Queste sono strutture che giocano un ruolo speciale ed importante nella coloritura emotiva dei processi di memorizzazione, rendendoli spesso molto più efficaci. È difficile osservare direttamente con l'EEG l'attività di tali strutture sottocorticali che invece possono essere monitorate con qualche difficoltà, dalle tecniche di imaging basate sulla risposta emodinamica cerebrale (fMRI). Comunque, i segni dell'attività dell'amigdala e di altre strutture sottocorticali legate al gusto o al disgusto possono essere invece colti in maniera indiretta mediante l'osservazione dell'attività corticale dell'area 10 di Brodmann. Si può concludere quindi che il gradimento o il disgusto in seguito all'esposizione di un particolare materiale visivo (anche pubblicitario) può essere osservato nelle risposte EEG che si hanno nelle zone orbitofrontali, relative all'area 10.

Dopo aver presentato i risultati del primo studio italiano dell'attività corticale in soggetti normali durante la visualizzazione di filmati commerciali, verrà proposto nel prossimo paragrafo una panoramica della letteratura scientifica internazionale nello stesso campo, in modo da inserire adeguatamente i risultati nella corrente scientifica mondiale in atto.

## 7.6  Risposte cerebrali e visione di messaggi pubblicitari in TV

Molti studi hanno investigato recentemente l'impatto e l'importanza del contenuto affettivo nella visualizzazione dei clip televisivi commerciali, impiegando generalmente misure del comportamento esplicito dei soggetti sperimentali per asserire l'effetto del riconoscimento delle immagini e della capacità di ricordarle (Ambell and Burnett, 1999). Il risultato di questi studi suggerisce che in condizioni normali il richiamo ed il ricordo di materiale TV a contenuto emozionale (impiegante per esempio suspense oppure humor) è di gran lunga superiore a quello relativo al materiale con contenuto cognitivo (cioè basato sulla esposizione di una serie di fatti). In tali studi quando veniva somministrato ai soggetti sperimentali propanolo, una droga particolare capace di abbassare l'attività emotiva (essendo il propanolo un beta-bloccante), si osservava un decremento vistoso della capacità di memorizzare spot commerciali con contenuto emozionale, mentre la capacità di memorizzare spot "cognitivi" rimaneva invariata. In questo caso la dizione spot "cognitivi", si riferisce a sequenze di immagini all'interno dello spot contenenti principalmente frasi o sentenze scritte invece che immagini e basta.

Assumendo che i processi di memorizzazione siano fortemente coinvolti nelle connessioni fra input commerciali e comportamento successivo, i risultati ottenuti nello studio di Ambler e Burne possono essere collocati a metà strada fra gli approcci "cognitivo-persuasivo" e quello di rinforzo emozionale nelle tecniche di advertsing. L'approccio "cognitivo-persuasivo" è quello relativo agli avvisi commerciali in cui vengono provviste una serie di ragioni razionali per l'acquisto del materiale pubblicizzato, espresse in sequenza, e si basa sull'assunto che la sequenza ottimale sia prima quella di fornire informazioni sul prodotto affinché l'utente possa "impararle", sperando che tale cognizione della supposta superiorità del prodotto reclamizzato possa indurre la preferenza per lo stesso e successivamente possa indurre il suo acquisto. Al contrario, il modello "emozionale" vede il processo pubblicitario come parte di un continuum dove le preferenze iniziali del consumatore per l'oggetto vengono via via plasmate, o rinforzate dall'esperienza così come dagli aspetti emozionali dagli stimoli di marketing. Questo è in linea con i recenti sviluppi delle neuroscienze in cui l'emozione è considerata giocare una parte importante nei processi cognitivi, così come accennato all'inizio di questa sezione (Damasio, 1998).

L'attività cerebrale durante la visualizzazione degli stessi spot commerciali fatti vedere da Ambler e Burne è stata monitorata in un insieme di soggetti sperimentali mediante una tecnica di imaging non invasivo, la magnetoencefalografia (MEG, Ioannides et al., 2000). La tecnica MEG è capace anch'essa come l'EEG di seguire i processi cerebrali nel tempo di alcuni millisecondi, avendo una risoluzione spaziale dell'ordine dei centimetri quadri. L'unico forte svantaggio relativo della MEG rispetto all'EEG risiede nell'alto costo di acquisto (alcuni milioni di euro) contro il modesto costo di un sistema EEG (circa 20 o 30.000 euro). I dati MEG collezionati da Ioannides suggeriscono che messaggi pubblicitari di tipo cognitivo attivano prevalentemente la corteccia cerebrale posteriore, insieme con le aree prefrontale superiori laddove invece il materiale pubblicitario di tipo emozionale attiva prevalentemente la corteccia orbitofrontale, l'amigdala e il tronco dell'encefalo. I risultati di questo studio sembrano suggerire che i messaggi pubblicitari di tipo cognitivo piuttosto che emozionali attivano dei centri corticali connessi con il controllo della memoria di lavoro, mentre le risposte neuronali ottenute all'esposizione del materiale emozionale sembrano mostrare un più alto grado di variabilità intersoggettuale che non le risposte cerebrali a materiale cognitivo.

L'uso delle misure EEG a bassa risoluzione (con un numero cioè di elettrodi limitato a 20-30) è stato anche proposto in precedenti ricerche per cercare di descrivere l'attività cerebrale durante la visione di spot commerciali in TV, come la sperimentazione presentata nel capitolo precedente. Il primo studio è stato descritto da Krugman più di trenta anni fa (1971) e successivamente altri ricercatori seguirono il suo esempio, come per esempio Olson e Ray (1989) e Alwitt (1989). L'attenzione di questi ricercatori è stata posta intorno alla questione di come i due emisferi cerebrali destro e sinistro potessero elaborare in maniera differente le informazioni prese dai messaggi TV. È noto infatti che l'emisfero destro cerebrale è più attento alle immagini e al tono emotivo delle informazioni sensoriali, mentre l'emisfero sinistro ha in particolare il controllo della semantica delle parole e della decodifica del contenuto cognitivo delle informazioni sensoriali. Alcuni Autori osservarono delle differenze nei ritmi cerebrali durante la visualizzazione degli spot a carico dei due emisferi, in particolari bande di frequenza. In particolare, fu anche suggerito da Rotschild e collaboratori (1989) la necessità di investigare meglio il correlato fra la manifestazione di particolari oscillazioni EEG a frequenze fra 9 e 13 Hertz e la temporizzazione dei messaggi pubblicitari stessi. Altri ricercatori hanno cercato di capire se potessero esistere particolari momenti all'interno degli spot pubblicitari che suscitassero una particolare attenzione a livello cerebrale, così come testimoniato da una improvvisa variazione dei ritmi cerebrali stessi in alcune bande di frequenza. Altri ricercatori australiani (Rossiter e Silberstein, 2001) hanno dimostrato la possibilità di riconoscere l'attivazione cerebrale durante la visione di spot commerciali, potendo derivare un predittore della capacità dei soggetti di memorizzare il contenuto dello spot stesso alla fine della sessione sperimentale. Da questo insieme, ancora rudimentale, di studi in letteratura scientifica si possono però estrarre alcune conclusioni che sembrano abbastanza valide:

- Piani ravvicinati di visi di persone incrementano la capacità dei soggetti di ricordare le immagini relative agli avvisi commerciali (Kroeber-Riel, 1993).
- Scene visive difficili da catalogare per il soggetto sperimentale hanno una bassa memorizzazione all'interno dello stesso (Rossiter e Percy, 1983; Nelson, 1971).
- Scene con contenuti emozionali possono essere ricordate in maniera maggiore che non altre scene con contenuto cognitivo maggiore (Ambler e Burne, 1999; Young, 2002).

In conclusione, in letteratura scientifica si sono osservati per il momento un insieme di studi che tentano di correlare la registrazione dell'attività elettrica cerebrale con la capacità dei soggetti di ritenere le informazioni trasmesse dagli avvisi commerciali. Questi studi sono stati compiuti con tecnologie EEG non particolarmente avanzate, e sono stati soppiantati negli ultimi anni da studi eseguiti tipicamente con le metodologie basate sulla risonanza magnetica funzionale (fMRI). L'impiego dell'EEG ad alta risoluzione spaziale, provvedendo una risoluzione spazio-temporale più che adeguata a seguire i fenomeni corticali di interesse è senz'altro una tecnologia che anche per il suo basso costo, potrà in futuro essere impiegata sempre di più in questo tipo di studi.

# Capitolo 8

# Conclusioni

A conclusione dei molti argomenti trattati nel corso dei precedenti capitoli, si possono fare alcune considerazioni sulle reali possibilità offerte dall'impiego del Brain Imaging nell'ambito della ricerca metodologica nell'economia e nel marketing. Successivamente, in questo capitolo verranno descritti alcuni problemi etici che possono sorgere nell'applicazione di tali metodiche all'osservazione delle preferenze di consumo e di acquisto da parte delle persone. È opinione degli Autori che molto in questo campo debba ancora essere fatto e che la riflessione su questi temi possa continuare a interessare i segmenti più vitali della nostra società per i prossimi anni a venire.

Dal momento che la maggior parte delle tecniche precedentemente descritte implicano la localizzazione dell'attività cerebrale, si corre il rischio di cadere nell'equivoco che le neuroscienze siano un mero studio sulla "geografia del cervello", una mappa di quali elementi del cervello fanno quale parte del lavoro. Se fosse stato effettivamente così, l'attenzione degli studiosi di economia circa tale scienza non sarebbe stata così alta: una volta chiarite le funzionalità del cervello, perché tanto interesse, almeno nel caso degli economisti, nello studio della localizzazione fisica dell'origine di tali funzionalità? Nella realtà invece le neuroscienze stanno cominciando a spiegare i principi dell'organizzazione e del funzionamento cerebrale in termini di collaborazione e competizione di moduli neuronali.

Un equivoco alla base della separazione netta dei domini delle neuroscienze e dell'economia che si è avuta sino a pochi anni fa era quello che le neuroscienze fossero interessate solamente ai più basilari processi di motivazione, percezione ed azione comuni ad esseri umani e non, in contrapposizione a tutte quelle funzioni di alto livello che trovano riscontro solamente negli esseri umani. In realtà tutte le funzioni dell'uomo sono di interesse per le neuroscienze, specie ora che la ricerca si è dotata di sofisticati strumenti non invasivi di indagine dell'attività cerebrale nell'uomo. In assenza di tali strumenti di analisi dell'attività cerebrale dell'uomo, le principali inferenze dovevano essere compiute tramite studi invasivi (cioè a cranio aperto) sugli animali. Con l'avvento delle moderne tecniche di imaging cerebrale le cose sono

F. Babiloni, V.M. Meroni, R. Soranzo, *Neuroeconomia, Neuromarketing e Processi decisionali*
© Springer, Milano, 2007

cambiate, e i processi di decisione, scelta e motivazione nell'uomo possono finalmente essere oggetto di studio da parte del campo delle neuroscienze. I prossimi
anni vedranno di sicuro un considerevole aumento delle ricerche in questo specifico
settore scientifico.

## 8.1 Implicazioni dei risultati ottenuti sulle metodologie di ricerca sulla comunicazione TV

È noto che alcune delle metodologie di ricerca più impiegate sull'efficacia della
comunicazione pubblicitaria verificano il gradimento e la comprensione di uno
spot da parte di gruppi di persone con una numerosità essenzialmente limitata. Tali
metodologie sono note agli addetti al settore pubblicitario sotto il nome di pretest
e di focus group. Generalmente si chiede ad una persona di guardare uno spot e successivamente di pronunciarsi su vari aspetti del medesimo: piacevolezza, significato, credibilità, comprensione, etc. Poiché la fruizione della tv è pensata richiedere generalmente un basso coinvolgimento attentivo, la richiesta di attenzione
specifica a quanto visto, propria dell'esecuzione del test stesso, coinvolge invece
dei processi cognitivi differenti da quelli impiegati in pratica dal soggetto quando
fruisce lo spot nel mondo reale. Diviene quindi opinabile l'affidabilità dei report
ottenuti con queste modalità. Lo stesso potrebbe anche dirsi per la brand awareness;
infatti, le misurazioni che vengono effettuate in base alle dichiarazioni sulla notorietà di marca generalmente non sono indicatori puri di forza della marca, ma spesso sono una funzione diretta del livello d'uso della stessa. La propensione sem-
brerebbe essere la miglior variabile per misurare lo stato di salute di una marca, ma
questa non modula né con la pubblicità né con le vendite. D'altra parte un quesi-
to fondamentale che si ha nel mondo del marketing è quello di misurare l'effettiva efficacia di una comunicazione commerciale, quanto del messaggio pubblicitario
veicolato con mezzi differenti (TV, radio, giornali) possa essere ritenuto dagli utenti finali dello stesso. Con le tecniche prima descritte sembra sia possibile avere
una misura anticipativa della capacità di memorizzazione della comunicazione da
parte dei soggetti. Tali informazioni possono essere impiegate per la valutazione del-
l'efficacia dello spot stesso, affiancate dalle risposte verbali degli utenti stessi. Che
la capacità di memorizzazione degli spot di un particolare prodotto sia collegata
linearmente con l'efficacia delle vendite del prodotto stesso non sembra ormai più
discutibile. Esistono studi precisi condotti con un campione di più di 800 prodotti che mostrano come tale correlazione sia molto elevata e quindi non casuale ($r2$
$= 0.75$). Le appendici 9 e 10 mostreranno in maniera più precisa gli strumenti di cui
ci si può dotare per la valutazione dei rapporti fra la pressione pubblicitaria e l'andamento delle vendite del prodotto specifico. In questa sede interessa solo sottolineare che la misura della memorizzazione dello spot è uno dei parametri più
importanti per misurare l'efficacia dello stesso.

Da un punto di vista pratico, l'uso delle tecnologie di brain imaging impieganti l'alta risoluzione EEG può essere affiancato alle tecniche tradizionali di intervista del soggetto sperimentale, essendo la particolare apparecchiatura facilmente trasportabile, al contrario dei sistemi di risonanza magnetica funzionale (fMRI) o di magnetoencefalografia (MEG) sporadicamente impiegati in letteratura scientifica per questi scopi. Un possibile protocollo per le future sperimentazioni allora potrebbe includere una unica seduta sperimentale, in cui i soggetti vengono sottoposti sia alla visione degli spot che all'intervista eseguita dopo la registrazione EEG. In questa maniera si disporrebbero di tutti gli elementi per controllare le dimensioni portanti della marca, verificare la giustezza del posizionamento secondo gli obiettivi aziendali, riconoscere se lo spot candidato verrà ricordato e se ci saranno delle preferenze nei confronti della marca. A fronte di tali vantaggi, le difficoltà delle acquisizioni dei dati di preferenza dei soggetti aumentano un poco rispetto a quelle delle tecniche convenzionali di focus group. Infatti, le registrazioni EEG richiedono un paio di persone specializzate per la preparazione del setup sperimentale e per la registrazione effettiva dei dati cerebrali durante la visione dei filmati. Va osservato come l'impiego di tale metodologia di analisi comporti la pratica impossibilità di intervistare più di 4 o 5 persone in una giornata, al contrario delle tecniche esistenti per pretest o per i focus group. D'altra parte, va osservato come seguendo tale protocollo sperimentale si possano ottenere informazioni aggiuntive sull'attività cerebrale durante la visione dei filmati proposti che possono essere impiegate per affiancare, corroborare o contrastare le informazioni ottenute tramite l'intervista diretta dei soggetti sperimentali.

## 8.2  Neuromarketing: promesse e realtà

Per molto tempo nelle neuroscienze il metodo principale di indagine sugli esseri umani è stato quello proprio della psicologia sperimentale. In tale disciplina si misurano essenzialmente i tempi di esecuzione, da parte del soggetto sperimentale, delle risposte a particolari stimoli dati dallo sperimentatore. In particolare, il soggetto può rispondere, muovere un dito, fare associazioni libere e lo sperimentatore misura alcune grandezze correlate ai processi "interni" del soggetto stesso. Ovviamente, l'accesso allo stato "interno" del soggetto è limitato, essendo sostanzialmente osservato tramite le risposte comportamentali dello stesso. Un ruolo decisivo in tali esperimenti è giocato dal contesto sperimentale, che spesso tenta di far rispondere i soggetti sperimentali in situazione di scarsità di tempo, in maniera tale da indurli in errore. La misura della quantità e della frequenza di tali errori diviene allora preziosa per la misura indiretta dei processi "interni" del soggetto stesso. Le tecniche comportamentali possono essere applicate con relativa poca spesa a un insieme elevato di persone. Le tecniche di brain imaging hanno la possibilità di mostrare immagini dell'attività cerebrale durante l'esecuzione di un particolare compito da parte del soggetto sperimentale. Il metodo più comune per il brain imaging ad oggi è la fMRI, che restituisce, come abbiamo visto nel capitolo 3 del presente libro, una sequenza di immagini dell'attività cerebrale mediante la misura del flusso ematico cerebrale. Sebbene tali immagini siano essenzialmente statiche (cioè relative all'attività che occorre nel cervello durante una decina di secondi) hanno una elevata risoluzione spaziale che nessun altro metodo di neuroimaging può offrire. Dispositivi fMRI vengono oggi impiegati nel campo del neuromarketing, ed in letteratura esistono ormai alcuni studi scientifici (citati anche in questo libro) che mostrano l'attivarsi di particolari aree cerebrali durante la degustazione di una coppia di bevande gassate quali la Coca Cola e la Pepsi Cola (Mc Clure et al., 2004). Va però sottolineato come il design sperimentale degli esperimenti fMRI siano tipicamente basati sulla evidenziazione di aree corticali che differiscono, durante il compito sperimentale proposto, da un altro compito di controllo. In particolare se X è il compito sperimentale (ad esempio gustare la Coca Cola sapendo che è Coca Cola) ed Y è il compito di controllo (ad esempio gustare un bicchiere di cola senza sapere se è Pepsi oppure Coca Cola), allora gli esperimenti di fMRI descriveranno le aree corticali che differiscono fra il compito X rispetto a quello Y. Il problema è quello relativo all'interpretazione che può essere data alla accensione di particolari aree cerebrali durante il compito sperimentale proposto. Le aree corticali "accese" durante il compito X potrebbero essere comuni anche a quelle che si accendono durante la degustazione di vino rosso sapendo che è vino rosso. Questo problema chiama in causa la generazione di un corretto design sperimentale per rimuovere questi possibili fattori di confusione nell'analisi dei dati. Il fatto che in questo caso l'esperimento Y è consistito nel bere cola, rimuove l'obiezione che le aree corticali accese durante X e non Y possano essere solamente correlate al bere un liquido, dato che anche nel compito Y occorreva bere una bevanda (addirittura la stessa!) ma senza sapere quello che si stava bevendo. Come già detto, il brain imaging ci fa osservare delle aree cerebrali che si attivano durante il compito sperimentale proposto al soggetto. Ma non spiega perché quelle aree si attivano, o in che modo le informazioni vengano processate all'interno del soggetto sperimentale. Difatto, però, si ha accesso alla risposta cerebrale del soggetto non tramite il suo comportamento, ma direttamente tramite l'attività dei suoi neuroni. Ciò non dimeno, il ruolo del brain imaging nel campo del neuromarketing sarà quello di raffinare su di un campione selezionato di persone alcune ipotesi e teorie che la ricerca neuropsicologica trae dalla sperimentazione neuropsicologica su un insieme più elevato di soggetti.

Appare decisamente difficile poter argomentare di trovare il "bottone dell'acquisto" nel cervello, anche con l'impiego delle tecnologie di brain imaging. Tale impossibilità deriva dalla scarsissima conoscenza che abbiamo dei processi superiori del nostro cervello che possiamo a malapena intravedere tramite i dispositivi di brain imaging. Una immagine efficace che descrive le potenzialità e i limiti del brain imaging nella comprensione dei meccanismi cerebrali è la seguente: si immagini di osservare un grattacielo con molte finestre vetrate, da dove si osserva l'attività di alcune persone. Per esempio, si possono vedere che alcune persone rimangono in una particolare stanza molto a lungo nella giornata, mentre altre ci rimangono poco. Oppure si possono osservare altre persone che vanno da una stanza all'altra con dei fogli in mano, per molte volte nella giornata. Possiamo allora solo congetturare che cosa accade all'interno del grattacielo, dato che non abbiamo un "modello" interno per spiegare tali attività. L'osservazione della comparsa delle persone in una particolare stanza è la metafora di quello che normalmente può essere ottenuto dalle tecniche di neuroimaging, in cui si osserva la comparsa (attivazione) di particolari regioni cerebrali durante il compito sperimentale proposto al soggetto. Infatti, l'osservazione della presenza di persone in una stanza non spiega cosa accada all'interno del grattacielo, quale sia la struttura organizzativa della società ed anche che tipo di lavoro o attività venga svolta all'interno del grattacielo stesso. Va comunque osservato che le neuroscienze hanno però provvisto un insieme di dati sperimentali, mediante registrazioni dell'attività cerebrale invasive su primati, che hanno suggerito l'esistenza di particolari modelli per il funzionamento cerebrale che sono stati impiegati anche per l'uomo. Impiegando queste conoscenze è possibile interpretare correttamente i ruoli di alcune regioni cerebrali nell'uomo.

Per queste ragioni appare sostanzialmente prematuro poter pensare che l'impiego diretto delle tecniche di brain imaging possa soppiantare nel breve periodo le tecniche tradizionali di misura delle risposte dei consumatori ai vari messaggi pubblicitari. D'altra parte, è indubbio che le informazioni offerte da tali tecniche possono essere di valido aiuto nel testare e formulare ipotesi sull'efficacia della comunicazione pubblicitaria, garantendo l'accesso alle attivazioni neuronali dei soggetti fruitori della comunicazione stessa. Un esempio di come una buona interpretazione dei dati neuroscientifici possa favorire una più efficace comunicazione pubblicitaria è fornita dagli studi sul "blink" attenzionale che sono stati sviluppati in questi ultimi anni dal gruppo del prof. Raymond in Galles. Infatti tale gruppo di ricerca ha mostrato che quando le persone devono trovare una particolare immagine all'interno di una sequenza di immagini sostanzialmente simili (ad esempio quella di una particolare marca di dentifricio all'interno di una serie di immagini di dentifrici di altre marche) questo compito viene svolto efficacemente dai soggetti anche se l'immagine compare solo brevemente nel loro campo attenzionale. Ma il fatto sorprendente è che una volta che si è trovata l'immagine che si cercava, si sviluppa una sorta di cecità attenzionale per l'immagine immediatamente successiva a quella cercata. Tale fenomeno è stato chiamato "attentional blink" (Raymond et al., 1992, Ward et al., 1996) per suggerire il deficit di attenzione che avviene appena dopo aver trovato l'oggetto cercato. Le conseguenze per quanto riguarda il mondo pubblicitario sono abbastanza interessanti: in particolare gli stessi ricercatori hanno trovato che quando un filmato ha una scena particolarmente attraente generalmente l'informazione immediatamente seguente tale scena viene spesso persa a causa di questo blink attenzionale. Questo può accadere spesso in un messaggio pubblicitario molto breve, in cui il nome della marca appaia immediatamente dopo la risoluzione dell'azione che ha catturato l'attenzione dello spettatore. I risultati sperimentali mostrano che il ricordo della marca diviene molto più evidente negli intervistati se questa compare non immediatamente a ridosso della "scena madre" dello spot. Questo esempio mostra come si possano impiegare i risultati delle neuroscienze per determinare i tempi di comparizione della marca all'interno di uno spot video, per aumentare drasticamente la percentuale di ricordo della marca stessa.

## 8.3   Neuroetica

Agli inizi del 21 secolo lo sviluppo delle neuroscienze ha portato la ricerca ad un livello in cui questa inizia ad avere un impatto rilevante sulla nostra società, uscendo di fatto dai laboratori ed entrando nella attuale concezione di come siamo fatti e come ci relazioniamo con gli altri. Infatti, è indubbio che al pari della ricerca genetica, le neuroscienze hanno come oggetto lo studio delle fondamenta del nostro senso di se. Questi temi di ricerca possono ingenerare preoccupazioni nella opinione pubblica se non condotti con la dovuta cautela. Per questo motivo agli inizi degli anni 2002 un gruppo di neuroscienziati ha coniato il termine Neuroetica per aprire un campo di riflessione sull'impiego dei concetti che via via vengono scoperti dalle neuroscienze sul funzionamento dell'attività cerebrale e sul riflesso che questi concetti hanno nella nostra comprensione delle cose e dell'altro nella società attuale (Farah, 2002; Roskies, 2002). La Neuroetica ha molti campi di applicazione; alcuni di questi sono legati alle implicazioni che la moderna neurotecnologia può avere nella vita delle persone all'interno della nostra società. Infatti generalmente si teme che il progresso tecnologico possa in un futuro prossimo monitorare e manipolare la mente umana mediante l'uso delle moderne tecniche di neuroimaging. Per la prima volta può essere possibile rompere la privacy della mente umana, e giudicare le persone non solo per le loro azioni ma anche per i loro pensieri e le loro predilezioni non rivelate apertamente.

La comprensione del perché le persone si comportano in un particolare modo offerta dalle moderne tecniche di neuroscienze inizia a cozzare contro il contenuto delle nostre leggi, dei nostri costumi sociali e anche delle nostre credenze religiose. Infatti, le neuroscienze offrono una spiegazione al nostro comportamento in termini puramente materiali, e gettano ombre sul "libero arbitrio" che è alla base anche della nostra legislazione per punire o no atti volontari compiuti da soggetti. La punibilità di un soggetto è infatti intimamente legata alla sua "capacità di intendere e di volere" nel momento in cui questo compie una determinata azione. Le neuroscienze iniziano a suggerire che questa capacità possa essere molto più sfumata e opaca di quanto noi nella vita normale non sospettiamo.

È evidente anche da quanto illustrato da questo libro che le tecnologie di brain imaging quali PET, fMRI, MEG e EEG ad alta risoluzione spaziale possono presentare nuove sfide etiche man mano che avanza la loro capacità di analisi e rappresentazione di ciò che avviene all'interno del cervello umano. Una di queste sfide è relativa alla possibilità di acquisire particolari informazioni relative al comportamento del soggetto sperimentale in maniera a lui "inconsapevole" durante le registrazioni con lo strumento di brain imaging. Sebbene questa possibilità sia ancora lontana dalla pratica (non si conoscono casi riportati per questa possibilità in letteratura), è pur sempre un dubbio che deve accompagnare le decisioni dei vari comitati etici che debbono sempre pronunciarsi circa le registrazioni di soggetti normali e patologici all'interno delle strutture di ricerca.

Quanto detto sopra sottolinea che un importante problema che il neuroimaging ha in comune con il campo della ricerca genetica sull'uomo riguarda il concetto di privacy. Infatti, un individuo ha il diritto di tenere personali dei dati relativi al suo funzionamento cerebrale. Nel caso della genetica, il soggetto che dona un campione del proprio tessuto non è in grado di controllare il numero di informazioni che è possibile prelevare sul suo stato di salute da quel campione. Anche nel caso del brain imaging potrebbe esserci questa difficoltà a tenere riservati dati personali nel momento in cui si potessero estrarre delle informazioni differenti da quelle per cui il particolare studio è stato proposto al soggetto sperimentale.

Sebbene le neuroscienze hanno portato dei nuovi risultati circa la comprensione della nostra attività come essere pensanti, sollevando anche nuovi interrogativi circa le questioni relative alla privacy di tali dati, è possibile guardare agli strumenti di cui ci si è già dotati per affrontare situazioni analoghe nel passato. Per esempio, nel caso della tutela della privacy delle proprie immagini cerebrali si possono adottare le stesse misure che ora è possibile prendere per la tutela delle analisi che possono essere eseguite sui nostri tessuti viventi, un problema che si è posto nel momento in cui la genetica rendeva possibili tali eventi. Anche dal punto di vista filosofico, i quesiti portati dalle neuroscienze circa la possibilità di considerare "identica" la stessa persona durante o dopo l'assunzione di particolari farmaci che potessero alterarne in maniera forte i suoi meccanismi neuronali è in fondo la stessa questione relativa al fatto se possiamo considerare "identica" una stessa persona che osserviamo prima e dopo tre bicchieri di vino rosso, oppure prima e dopo una lunga vacanza ai Caraibi.

Va anche sottolineato comunque che l'opinione pubblica tende a sopravvalutare grandemente le possibilità che il brain imaging può offrire alla comprensione dei meccanismi cerebrali. Questa sopravvalutazione è frutto della intensa presenza di immagini dell'attività cerebrale ottenute mediante tecniche di brain imaging non solo sugli articoli scientifici ma in molti giornali e magazines, cosi come in molti siti WEB dedicati agli argomenti più disparati. In tutti questi articoli non vi è traccia degli intensi passaggi matematici e tecnici che sono necessari per ottenere tali immagini (si veda per esempio il livello di formalismo delle appendici descritte nei capitoli 9-11) e viene quindi rafforzata la convinzione che sia possibile "vedere" tutto ciò che avviene all'interno del cervello durante una qualsiasi operazione da parte del soggetto sperimentale in maniera semplice e diretta.

La ricerca neuroscientifica è ancora lontana da questo livello di definizione e di possibilità. È comunque opportuno che la comunità scientifica si doti di opportuni strumenti per monitorare la crescita di questi fenomeni e poterli regolamentare in maniera adeguata. Infatti, con la continua fruizione dei risultati delle neuroscienze nella nostra vita di ogni giorno la questione principale (Farah, 2005) non è se, ma piuttosto quando e come, le neuroscienze disegneranno il nostro futuro.

# Appendice: Econometria

*Perché un appendice sui modelli econometrici?*

## Perché un appendice sui modelli econometrici?

L'obiettivo di questo libro è stato quello di identificare i correlati neurali dell'essere umano in risposta di uno stimolo pubblicitario televisivo e di comprendere il percorso dello stimolo sulla corteccia cerebrale: dall'esposizione del messaggio, all'elaborazione, alla sua memorizzazione.

Alla base di questi risultati vi sono tecniche statistiche complesse, modelli multivariati autoregressivi (MAR) e modelli strutturali (SEM), che mettendo in relazione i tracciati dell'EEG tra le diverse aree di Brodmann consentono di definire la sequenza di causa-effetti all'interno della corteccia cerebrale.

Queste tecniche derivano sostanzialmente dall'econometria, una disciplina della statistica sviluppatasi per interpretare le serie storiche economiche, trovando la loro applicazione in anni recenti anche allo studio del cervello. Data la loro complessità, rimandiamo la trattazione alla bibliografia del libro.

D'altra parte, il neuromarketing ha come finalità quella di comprendere come tutte le variabili del marketing mix sono elaborate nell'individuo e contribuiscono a generare una decisione favorevole di acquisto. È proprio la comprensione integrata di questi fenomeni che consente di definire una funzione di utilità dell'individuo e di poter prevedere il suo comportamento.

Ed è qui che il neuromarketing si incontra con quella branca dell'econometria **la modellistica marketing mix** che studia la funzione di utilità a livello collettivo, ponendo in relazione le vendite aggregate di una marca con le leve del marketing mix che hanno contribuito a generarle, al fine di isolarne i contributi e di calcolarne le elasticità.

Obiettivo di questa appendice pertanto sarà di illustrare i principi portanti della modellistica marketing mix e gettare un ponte tra il marketing quantitativo e il neuromarketing per sviluppi futuri volti alla previsione del business attraverso la comprensione dei suoi consumatori.

# Capitolo 9

# Appendice: I modelli econometrici marketing mix

> *"Le doti determinanti in chi guida l'esercito riguardano principalmente la stima della situazione del nemico, il calcolo delle distanze e del grado di difficoltà del terreno per avere sotto controllo le condizioni della vittoria.*
> *Chi combatte con la piena conoscenza di questi fattori è certo di vincere, chi non lo fa è destinato a sicura sconfitta. "*
> Sun Tzu, ca 400 a.C.

Il paradigma della modellizzazione econometrica si sviluppa nelle due seguenti affermazioni:

1. i dati storici di risposta dei consumatori al marketing mix di una marca racchiudono in sé informazioni determinanti per la comprensione del contributo di ogni singola leva e la quantificazione degli effetti in relazione all'intensità di attivazione;
2. la conoscenza della risposta alle singole azioni di marketing consente di predire su come i consumatori risponderanno in futuro e quindi su come meglio pianificare il marketing mix.

Negli ultimi 10 anni i modelli econometrici marketing mix hanno visto un crescente sviluppo in tutte quelle aziende che, operando in mercati sempre più complessi e competitivi, investono massicce risorse nel dialogo continuo con il consumatore e per cui è fondamentale conoscere il ritorno degli investimenti.

Affidarsi al buon senso o semplicemente al *"gut feeling"* per le decisioni di marketing non è più sufficiente (vedi Fig. 9.1). Rispetto al passato infatti si sono moltiplicate le opzioni di marketing e di comunicazione e, delle diverse alternative di marketing mix ci si chiede quale sarà in grado di raggiungere gli obiettivi di crescita in modo efficace ed efficiente.

F. Babiloni, V.M. Meroni, R. Soranzo, *Neuroeconomia, Neuromarketing e Processi decisionali*
© Springer, Milano, 2007

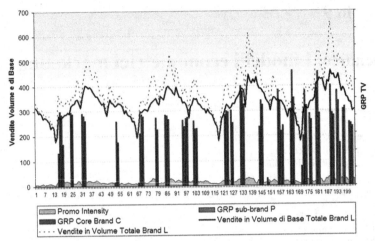

**Fig. 9.1** Dalla semplice osservazione della figura che rappresenta le vendite della Brand L e le vendite di base, la pressione pubblicitaria TV (istogramma in blu), l'intensità promozionale (area azzurra) ed il lancio in comunicazione di due nuove sub-brands (istogramma in rosso) non è possibile comprendere il contributo dei singoli fattori di marketing e della pubblicità. Inoltre sulle vendite interferisce anche la componente stagionale. I dati sono inventati ai soli fini illustrativi

Una delle leve più cruciali per il sostegno di marca è rappresentato dalla comunicazione. Ed è appunto su questa leva che sorgono da sempre tutti i dubbi dell'azienda: la pubblicità è efficace? È possibile misurare i ritorni sulle vendite?

La modellizzazione econometrica marketing mix risponde a questi obiettivi, ovvero quello di fornire una valutazione puntuale dell'efficacia e dell'efficienza delle azioni di marketing e di comunicazione sulle vendite.

Ciò si realizza applicando una serie di tecniche statistiche che consentono di scomporre le vendite nelle singole leve o cause che le hanno generate, attribuendo i volumi alla pubblicità, al prezzo, alle promozioni, alla distribuzione e considerando tutti quegli effetti esterni all'azienda che amplificano o smorzano le performance complessive (trend di mercato, stagionalità, *competition*).

Il risultato finale è un modello o un set di equazioni, che consente di:
1. *separare*, le vendite in una parte incrementale attribuibili alle azioni di marketing e una di *baseline* o vendite di base che si otterrebbero, nel breve periodo, in assenza di investimenti (vedasi Fig. 9.2);
2. *valutare* l'elasticità e il ritorno sugli investimenti delle singole azioni;
3. *simulare* l'impatto di alternative di marketing mix;
4. *determinare* budget di marketing e allocazione ottimale per raggiungere obiettivi di *business* stabiliti.

Per costruire un modello econometrico sono necessari molti dati con granularità sufficiente ed omogenea a livello temporale, ad esempio la settimana, per consentire di attribuire correttamente le variazioni delle vendite alle leve partendo dalle loro variazioni (Fig. 9.3).

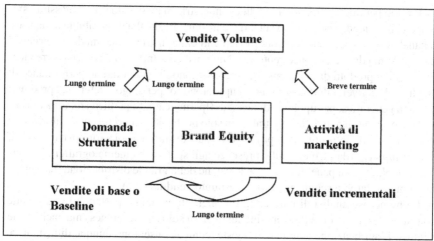

**Fig. 9.2** Le vendite totali sono la somma di una componente inerziale, le vendite di base, e di una incrementale, attribuibile alle attività di marketing, entrambi isolabili attraverso la modellizzazione. La baseline è a sua volta costituita dal mix iniziale di distribuzione e prezzo (non promozionato) che insieme alla stagionalità e all'eventuale trend di mercato costituisce la domanda strutturale. Ad essa si aggiunge una componente di brand equity propria della marca che è il sedimentato di lungo periodo di tutti gli sforzi di marketing, di posizionamento e di comunicazione ed è l'elemento differenziale rispetto ad un prodotto unbranded. Pertanto, le attività di marketing correnti agiscono sia nel breve (vendite incrementali) che nel lungo termine (baseline): fidelizzando il consumatore, aumentando la sua frequenza di consumo o portando alla marca nuovi consumatori stabili provenienti dal mercato

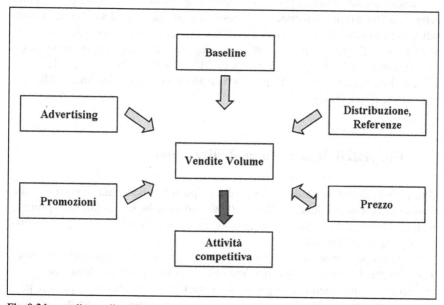

**Fig. 9.3** Le vendite totali a volume sono il risultato di incrementi positivi dovuti alla distribuzione, le referenze, il prezzo e le promozioni e di una continua erosione da parte dei competitors

Proprio per questo motivo i modelli econometrici hanno visto il loro massimo sviluppo nelle aziende che operano nel largo consumo grazie alla disponibilità di dati settimanali di sell-out al consumatore provenienti dalla distribuzione moderna e rilevati dai due istituti di ricerca concorrenti A.C. Nielsen ed IRI Infoscan. I codici a barre identificativi dei prodotti di marca a scaffale consentono di monitorare le performance di vendita ad un livello di dettaglio molto approfondito: per singola referenza prodotto, per area geografica, per tipologia di negozio (Ipermercato, Supermercato, Superette).

Una disponibilità di dati riscontrabile in solo pochi altri settori tra cui l'editoria (dati di diffusione delle testate stampa), l'auto (dati di immatricolazioni per modello), l'*entertainment* (dati Cinetel sulle presenze agli spettacoli cinematografici), il pharma (dati Nielsen su panel farmacie) e le catene della grande distribuzione (dati interni scanner relativi a scontrini, valore per punto vendita, ecc.).

Le numerose analisi di marketing mix nel tempo hanno portato ad una grande consapevolezza su come l'advertising lavora non solo sull'awareness ma anche sulle vendite. L'applicazione continua di queste tecnica consentono dunque di instaurare un processo virtuoso che consente all'azienda di guardare al passato con una visione oggettiva imparando da esso per ridefinire la strategia di comunicazione, ottimizzare la pressione sui mezzi e i veicoli più reattivi all'advertising, giustificare gli investimenti futuri rispetto agli obiettivi di business

Va da sé che la valutazione dei ritorni degli investimenti è un'attività di natura consulenziale che riguarda o dovrebbe riguardare figure terze parti esterne all'azienda. Ciò per garantire al management il massimo dell'obiettività delle analisi ed un punto di vista non coinvolto negli interessi, nelle valutazioni o nei flussi informativi dell'azienda stessa.

Questa appendice cercherà nei prossimi paragrafi di toccare gli aspetti tecnici della modellizzazione: dai concetti di base, alla costruzione, al suo impiego nella valutazione di efficacia ed efficienza delle diverse leve. Una visione introduttiva ed orientata più alla pratica in cui i dettagli teorici, dati i limiti di spazio, sono rimandati alla bibliografia specialistica (Kennedy, 2003; Montgomery et al, 2001; Salvatore and Reagle, 2001; Wooldridge, 2005) e ad ulteriori approfondimenti (Broadbent, 1998; Jones, 2002).

## 9.1   Concetti di base della modellizzazione

L'idea alla base della modellizzazione è di interpolare in modo multivariato le variazioni delle vendite a volume a partire dalle variazioni delle leve di marketing: incremento/decremento di spesa dell'advertising, aumento o diminuzione di prezzo, distribuzione (vedasi Fig. 9.4).

A tale scopo si costruiscono modelli di regressione cioè equazioni matematico-statistiche, la cui variabile dipendente è la risposta, le vendite della marca, e le cui variabili indipendenti sono gli input di marketing distribuzione, prezzo, promozioni, advertising, la stagionalità e il trend, *la competition* combinati tra loro in modo opportuno.

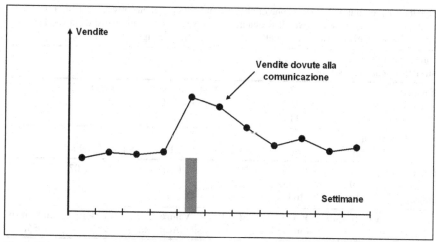

**Fig. 9.4** L'obiettivo della modellizzazione marketing mix è la valutazione dell'incremento di vendita della marca riconducendolo alle singole leve di marketing che possono averlo generato

Consideriamo a titolo di esempio un modello lineare la cui variabile dipendente è le vendite di una marca e la variabile indipendente è la sola advertising:

$$S_t = \alpha + \beta \cdot A_t + \varepsilon_t \qquad (1)$$

dove $S_t$ sono le vendite, $A_t$ rappresenta l'advertising espressa come vedremo in termini di stock pubblicitario o *adstock*, $\alpha$ e $\beta$ sono i coefficienti o i parametri da stimare e l'indice $t$ rappresenta il tempo, ad esempio la settimana. Il termine $\varepsilon_t$ invece rappresenta l'errore di stima delle vendite in corrispondenza di $t$, che si assume indipendente dalle variabili, non serialmente correlato, distribuito normalmente e di varianza costante nel tempo. In altri termini $\varepsilon_t$ segue le leggi di un processo stocastico o di *white noise*.

Il coefficiente $\beta$ è detto anche coefficiente di sensibilità della variabile pubblicità $A$, in quanto governa l'incremento delle vendite corrispondenti ad una variazione positiva unitaria della pubblicità. Si chiama sensibilità per differenziarlo dall'elasticità che lavora su variazioni percentuali e che riguarda, come vedremo, modelli di tipo moltiplicativo. A partire da una tabella di un foglio di calcolo le cui colonne sono le vendite ed il livello di pubblicità nel tempo, si può stimare il modello (1) in Excel (analisi dati, regressione) o in un software statistico specifico (vedi Tabella 9.1).

Nel nostro caso viene fornita una stima dei parametri pari a $\alpha = 1.905,1$ e $\beta = 111,6$. Come si può vedere dal valore della statistica test F il modello è altamente significativo. Inoltre la sensibilità dell'adstock è positiva e significativa come attesta il valore di significatività - cioè la probabilità che il coefficiente $\beta$ sia 0 - ben al di sotto del 5%. Dal report statistico in Tabella 1, possiamo ricavare tutte le informazioni utili ai fini di interpretazione e presentazione del modello e cioè:

– le vendite di base *BaseSales*, indipendenti dall'azione pubblicitaria specifica che si ottengono riportando l'intercetta $\alpha$ per tutte le settimane;

**Tabella 9.1** L'output della regressione effettuata con Excel o con un software statistico specifico. Si distinguono una parte relativa all'R quadrato, una parte relativa all'analisi della varianza e la terza in basso relativa al valore dei coefficienti e le statistiche di significatività

**Outpot riepilogo**
**Statistica della regressione**

| R multiplo | 0,975 | R al quadrato | 0,951 |
|---|---|---|---|
| R al quadrato corretto | 0,945 | Errore standard | 157,217 |
| Osservazioni | 11 | | |

**Analisi varianza**

| | gdl | SQ | MQ | F | Significatività F |
|---|---|---|---|---|---|
| Regressione | 1 | 4287965 | 4287965 | 173,5 | 3,47002E-07 |
| Residuo | 9 | 222453 | 24717 | | |
| Totale | 10 | 4510418 | | | |

| | Coefficienti | Errore standard | Stat T | Valore di significatività | Inferiore 95% | Superiore 95% |
|---|---|---|---|---|---|---|
| Intercetta | 1905,1 | 61,09 | 31,19 | 0,00 | 1766,94 | 2043,34 |
| Adstock | 111,6 | 8,47 | 13,17 | 0,00 | 92,39 | 130,71 |

– le vendite direttamente attribuibili all'advertising o *AdSales* che si ottengono moltiplicando il coefficiente di sensibilità β per i valori dell'adstock (vedi Fig. 9.5).

Perciò ad ogni variazione unitaria di pubblicità le vendite salgono di 112 unità di prodotto incrementali, mentre in assenza di pubblicità le vendite di base si assestano su un valore di 1.905 unità.

Infine le vendite totali modellizzate si ottengono sommando le *BaseSales* e le *AdSales* (vedi Fig. 9.5), mentre il termine di errore si ricava per differenza tra le vendite osservate e quelle modellizzate (vedi Fig. 9.6).

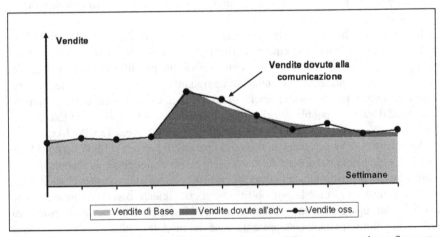

**Fig. 9.5** Attraverso la tecnica di regressione delle vendite è possibile scomporre anche graficamente il contributo della base e quello dell'azione impulsiva che ha generato l'incremento

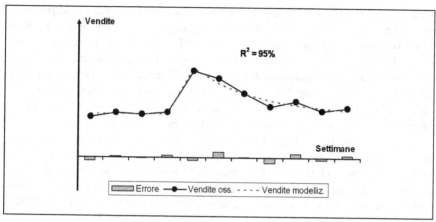

**Fig. 9.6** Il termine di errore è la differenza tra le vendite osservate e quelle modellizzate. Nel compiere la regressione è importante analizzare l'errore o residuo. Esso certifica la bontà del modello o può contenere ancora preziose informazioni da analizzare separatamente

Uno dei requisiti fondamentali affinché il modello abbia validità esplicativa è che l'errore non risulti serialmente correlato nel tempo, cioè che non vi sia correlazione tra i termini $\varepsilon_t$ ed $\varepsilon_{t-1}$. Rappresentato l'errore su un grafico, esso deve oscillare in modo casuale. La presenza di pattern precisi, con lunghi periodi positivi alternati da interi periodi di segno negativo (autocorrelazione positiva) oppure a zig-zag positivo-negativo (autocorrelazione negativa), significa molto probabilmente che si stanno trascurando uno o più fattori fondamentali, causando forti distorsioni sia nel valore dell'intercetta che in quello della sensibilità.

Per accertarsi che non vi sia autocorrelazione dell'errore (si ricorre al test Durbin-Watson $d$ presente nei principali software statistici e che si può calcolare sommando i quadrati delle differenze degli errori e dividendo il risultato per la somma dei quadrati degli errori estesa a tutto l'intervallo. In assenza di autocorrelazione dell'errore, il valore d è nell'intorno di 2 altrimenti, se d<1 o d>3, si è in presenza di autocorrelazione positiva o negativa. In questo caso la dinamica testata non è corretta.

Quando si affrontano casi reali le vendite dipendono da molteplici fattori. Per questo motivo è necessario considerare modelli multivariati più complessi del tipo:

$$S_t = f(\alpha, \textit{marketing, competition, fattori esogeni}, \varepsilon_t) \qquad (2)$$

per spiegare la risposta includendo le variabili principali legate alle 4 P del mix, i fattori esogeni e l'azione di erosione da parte del mercato.

Un primo modello marketing mix lineare può essere costruito come estensione del precedente modello (1) a più variabili, ovvero supponendo che tra la variabile dipendente, le vendite in volume e ciascuna delle variabili esplicative vi sia una relazione lineare del tipo:

$$S_t = \beta_0 + \beta_1 DP_t + \beta_2 Pr_t + \beta_3 Prom_t + \beta_4 A_t + \beta_5 Comp_t + \varepsilon_t \qquad (3)$$

dove $\beta_1, \ldots, \beta_4$ rappresentano le sensibilità delle vendite rispetto a distribuzione, prezzo, promozioni, advertising, mantenendo costanti le altre variabili indipendenti. Le variabili distribuzione, prezzo della marca e *competition* si considerano a partire dal livello osservato alla prima osservazione t = 1. In questo modo, il termine $\beta_0$, l'intercetta della regressione costante rispetto alle variazioni delle altre variabili, rappresenta le vendite "ideali" che si realizzerebbero all'interno di un arco di tempo ragionevole se tutte le attività incrementali di marketing della marca e della concorrenza cessassero. L'intercetta rappresenta la *baseline* che può crescere grazie alla azioni di marketing, *in primis* la comunicazione, o può calare per l'effetto erosivo dell'attività competitiva.

I modelli lineari sono adeguati per una marca stazionaria, operante in un mercato maturo, con stagionalità moderata e costituito da più attori che competono per i volumi, in cui si assume che ogni leva del mix contribuisce a generare volumi indipendentemente dalle altre. Considerare un modello lineare è come se, in un ipotetico spazio delle fasi, operassimo una linearizzazione delle traiettorie della marca nell'intorno di un punto stazionario.

Naturalmente non sempre è possibile operare una tale approssimazione. Spesso si incontrano marche in mercati con trend, stagionalità molto accentuate o che sono ancora in una fase di lancio o sviluppo. Tratteremo questi casi nei paragrafi successivi. Ma prima dobbiamo comprendere come rispondono le vendite alle azioni di marketing nel breve e nel medio periodo.

## 9.2   La risposta all'advertising

L'advertising è la leva principale di costruzione della marca che si attua attraverso il dialogo tra l'azienda e i suoi consumatori. È una leva complessa che include diverse modalità: dai mezzi classici, alle sponsorizzazioni, alle azioni di tipo virale. Ciò che però all'azienda interessa capire è se l'azione specifica ha avuto un impatto o meno.

L'impatto dell'advertising però è una variabile latente che sottende una varietà di significati e che non può essere misurata direttamente.

Infatti se la pressione pubblicitaria è una variabile binaria di tipo *on-off*, essa produce degli effetti nel tempo anche dopo l'azione. Per valutare questi effetti è necessario introdurre una variabile intermedia che tenga conto della dinamica dell'advertising: l'*advertising stock* o *adstock*.

La forma più comune di adstock è quella a ritardi distribuiti geometricamente dovuta a S. Broadbent nel 1979 data dalla formula:

$$Adstock_t = (1 - d) \cdot grp_t + d \cdot Adstock_{t-1}, \tag{4}$$

dove $grp_t$ *gross rating ponts* è la misura dei contatti lordi percentualizzata al target espressi dalla campagna al tempo t; $d \epsilon (0,1)$ invece è il *decay rate* che tiene conto del fatto che l'advertising continua a produrre risultati nei periodi successivi alla comunicazione con rendimenti via via decrescenti. La stessa espressione dell'adstock (4) può essere scritta anche in forma integrale:

$$Adstock_t = d^t Adstock_0 + \sum_{k=0}^{t} \omega_k \, grp_{t-k}$$
$$\omega_k = (1 - d) \, d^k. \tag{5}$$

Nella definizione di Adstock (4-5) si assume pertanto che gli effetti dell'advertising raggiungano il loro massimo in corrispondenza della fine della campagna per poi decrescere nel tempo fino ad annullarsi.

All'Adstock (4) rimane associato un concetto estremamente importante: l'*half-life* definita come il tempo di dimezzamento dell'effetto pubblicitario, ovvero il numero di settimane affinché il valore di adstock si dimezzi rispetto al massimo raggiunto al termine della campagna.

Per determinare l'*half-life* si procede come segue. Assumendo la fine della campagna al tempo T, in assenza di comunicazione si ha:

$$Adstock_{t+1} = d \cdot Adstock_t, \text{ per } t \geq T. \tag{6}$$

Quindi l'*half-life* è il numero di settimane h>1 per cui

$$Adstock_{T+h} = d^h Adstock_T = \frac{1}{2} Adstock_T, \tag{7}$$

ovvero

$$h = \ln(0,5)/\ln d. \tag{8}$$

Pertanto, se per esempio $d = 80\%$, applicando la (8), l'impatto dell'advertising si dimezzerebbe circa 3 settimane dopo il termine della campagna.

Non sempre gli effetti dell'advertising raggiungono il loro massimo in corrispondenza della fine della campagna, in alcuni casi, come nelle auto o nel lusso, le campagne pubblicitarie producono il massimo dell'effetto dopo qualche settimana dalla fine, periodo in cui si matura il processo decisionale. In tali casi si dovrà assumere una distribuzione dei pesi di tipo binomiale negativa:

$$\omega_k = \frac{(r + k - 1)!}{(r - 1)!k!} (1 - d)^r d^k, k = 0,1,2,... \text{ ed } r \in N \tag{9}$$

Ora nella formulazione di Broadbent (5) e sue generalizzazioni (9), l'adstock è lineare rispetto ai contatti o GRP. Nella pratica però si osserva una certa saturazione della risposta dovuta sia alla ripetizione del messaggio che ad una saturazione fisiologica nel portare il consumatore all'acquisto del dato prodotto.

Per incorporare questi effetti non lineari si ricorre a formulazioni alternative. Una delle generalizzazioni più convincenti applicata ai mercati del largo consumo ad alta ripetizione di acquisto o FMCG è rappresentata dalla seguente formula:

$$Adstock_t = 1 - \exp(-\beta \cdot grp_t) \cdot (1 - d \cdot Adstock_{t-1}), \tag{10}$$

dove $d\varepsilon(0,1)$ è ancora il decay rate dell'advertising e il $\beta\varepsilon(0,1)$ è il coefficiente di impatto, entrambi da determinarsi in modo da massimizzare il *fit* con le vendite osservate (Fig. 9.7). In assenza di pubblicità l'adstock si riduce come in (6):

$$Adstock_t = d \cdot Adstock_{t-1}, grp_t = 0, \tag{11}$$

valendo lo stesso calcolo per l'*half-life* (8).

La caratteristica dell'adstock generalizzato (10) è di presentare effetti di saturazione correlati sia con l'impatto della campagna $\beta$ che con il livello di adstock precedente, cioè:

– ad un impatto elevato β corrisponde all'aumentare della pressione un'efficacia incrementale decrescente;
– ad elevati livelli di adstock corrisponde un'efficacia minore della pressione (vedi Figg. 9.7-9.8)

Nei modelli marketing mix, l'*adstock* rappresenterà la variabile advertising, la cui *half-life* dovrà essere determinata in modo da massimizzare il *fit* della regressione. Operativamente, nella fase di modeling la variabile GRP è trasformata in più

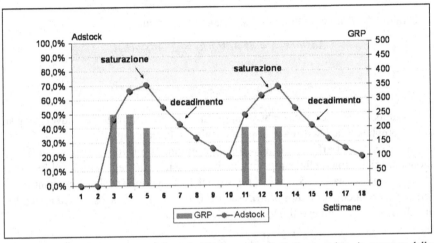

**Fig. 9.7** L'adstock costruito con la formula (10) presenta effetti di saturazione in presenza della campagna e decade nei periodi di off air fino a ridursi a zero seguendo la legge (10)

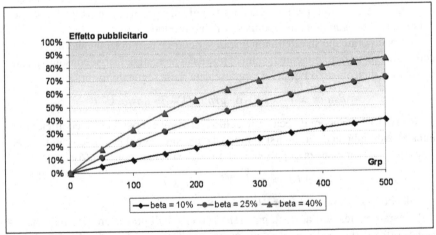

**Fig. 9.8** Un impatto particolarmente ottimizza l'efficacia della campagna dopo i primi 100-200 GRP. Un impatto inferiore sposta più in là il punto di saturazione

combinazioni di *adstock* al variare di β e *d*. La curva che spiega meglio le vendite determina l'impatto e il decay e che, insieme alla suo coefficiente di sensibilità o di elasticità, descrive il contributo dell'advertising sul totale volumi.

Nella costruzione del modello, è facoltà dell'analista valutare un impatto medio aggregando tutte le pressioni pubblicitarie della marca in un unico adstock o valutare separatamente le diverse attività di comunicazione per mezzo, per tipo di spot (30", 20", ...), per soggetto. Tale decisione dipende dalla disponibilità dei dati e dal focus di ricerca.

Dalla Figura 9.8 si osserva che la tipica forma concava della curva di risposta definita dall'adstock (10) i cui rendimenti sono decrescenti fin dai primi GRP.

Ciò che può sembrare un'assunzione, in realtà costituisce la sintesi matematica degli ultimi 40 anni di studi su come i target rispondono alla pubblicità e sull'esistenza dell'*effective frequency*, ovvero una frequenza ottimale vista come punto di flesso di una curva ad S, in cui gli investimenti sono inefficaci prima del punto di flesso e al di sopra di esso sono inefficienti.

Analisi accurate di intere banche dati sui consumi e sulle vendite in diversi Paesi (USA, Inghilterra, Germania e Francia) in diversi anni hanno tutti dato la stessa risposta: la curva di risposta è concava e l'*effective frequency* non esiste, l'advertising si dimostra efficace fin dalla prima esposizione, le esposizioni successive alla prima contribuiscono al risultato finale ma con efficacia decrescente. Questo conclusioni, "scolpite" in una serie di celebri articoli, libri ed interventi di John Philip Jones al termine degli anni '90 del secolo scorso sono oramai condivise dalla maggior parte della comunità di ricercatori sull'*advertising effectiveness* e costituiscono un caposaldo del *marketing research* e della *pratica econometrica*. Peraltro esse trovano conferma anche nelle analisi di risposta sul ricordo e nelle analisi di risposta diretta da parte di marche *direct response*.

Tale paradigma però influenza pesantemente anche le pianificazioni media. Una curva di risposta concava infatti implica che i *burst* di advertising (pressioni fortissime per periodi limitati) risultano altamente inefficienti, mentre la *media continuity* (minor pressione x un numero di settimane maggiori) è l'unica in grado di massimizzare l'impatto compatibilmente con la stagionalità.

Alcuni ricercatori però continuano a sostenere l'esistenza di curve di risposta a forma di S o logistiche, limitate però solo ad alcune sottocategorie di prodotto (SUV o minivan).

A nostra esperienza è particolarmente raro riscontrare questo tipo di curve logistiche, se non nelle primissime fasi dei lanci di nuove brand. D'altra parte appena dopo il primo flight si conferma la concavità della curva di risposta il che conferma ancora una volta le conclusioni di Jones.

In ogni caso indipendentemente dalla curva di risposta, accanto all'analisi di impatto dell'advertising sulle vendite si consiglia di affiancare un'analisi di impatto dell'advertising su brand awareness, ricordo attinente e riconoscimento dei messaggi attraverso la modellizzazione dei dati *tracking studies* del cliente. Questo supplemento di analisi non soltanto arricchisce le conclusioni ma consente la verifica dell'efficacia al di là di variabili di comodo come può essere l'adstock.

## 9.3    Gli altri drivers delle vendite

Nel modellizzazione marketing mix l'advertising e la variabile adstock è solo una dei
fattori del modello. Passeremo in rassegna alcuni dei possibili *drivers* delle vendite
che dovranno essere resi operativi prima di essere inclusi nel modello per un prodotto di largo consumo nella distribuzione moderna.

### 9.3.1 La distribuzione

È evidente che le vendite di una marca sono strettamente correlate con il numero dei
punti vendita in cui essa è presente.

Le variabili sottostanti a questa leva sono la distribuzione numerica ovvero il numero percentuale di negozi vendenti nella data settimana la marca e la distribuzione ponderata che rappresenta la percentuale dei negozi vendenti ponderata per il fatturato della
categoria a cui la marca appartiene. È preferibile utilizzare la distribuzione ponderata al
fine di rappresentare adeguatamente la dimensione dei negozi in cui la marca opera.

Nel largo consumo, la distribuzione è calcolata sul totale Ipermercati, Supermer-
cati e Superette.

### 9.3.2 Referenze

Ogni prodotto di marca è costituito da referenze ovvero articoli che differiscono per il formato (Kg o Lt), la dimensione, il materiale del pack (es. tetrapack o plastica), il numero
di pezzi o il colore-gusto eccetera. Ciò per venire incontro a esigenze specifiche del consumatore (maggior comodità, servizio, personalizzazione). Ad esempio una marca di pasta
può avere diverse referenze: spaghetti, penne, rigatoni o la confezione da 250 g, 500 g.

Ogni referenza è contraddistinta da un codice EAN (European Article Number),
una sequenza numerica che letta dalla scanner alle casse consente di rilevare la vendita e dunque la presenza nel punto vendita di quella specifica referenza.

Naturalmente non tutte le referenze di una marca vengono trattate da ogni negozio trattante la marca, in alcuni punti vendita si possono trattare cinque referenze,
in altri otto, in altri solamente una. Dunque l'indicatore di numero di referenze medie
(o anche Average Number of Items per Store) esprime il numero medio di referenze del prodotto in analisi per punto vendita vendente.

### 9.3.3 Prezzo

La scelta del posizionamento di prezzo al consumo di un prodotto è cruciale all'interno del marketing mix. Il prezzo a cui ci si riferisce è quello di base ovvero è il
prezzo del prodotto non promozionato. Nella realtà le marche attivano frequente-

mente le promozioni di prezzo per incentivare le vendite. Di fatto il prezzo medio al consumo della marca calcolato come rapporto tra le vendite a valore e quelle a volume è inferiore al prezzo di base.

Il prezzo può essere visto anche relativamente al suo mercato, ad un segmento o a un dato competitor. In questo caso si parla di:

- *prezzo relativo*: calcolato come rapporto tra il prezzo assoluto e il prezzo assoluto del mercato/segmento/competitor moltiplicato per 100;
- *price gap*: come differenza tra il prezzo della marca X e il prezzo del mercato/segmento/competitor.

## 9.3.4 Promozioni

Le promozioni sul punto vendita sono uno strumento di marketing comunemente utilizzato dalle aziende e dalla grande distribuzione al fine di incentivare le vendite di un prodotto offrendo un vantaggio temporaneo al consumatore. Esse perciò devono essere considerate e incorporate nel modello. Le promozioni possono essere attivate dal produttore (o *manufacturer*) o della catena distributiva stessa (o *retailer*).

Rientrano in questa famiglia le promozioni che provocano vantaggi immediati sul prezzo (sconto sullo scaffale, alla cassa con coupon o punti su carte fedeltà) e/o sul volume (quantità gratuita, *bonus pack, special pack*, 3x2 o MxN). Sono escluse dalla definizione quelle attività che rimandano i vantaggi nel tempo (es. *coupon* sul riacquisto) oppure quei prodotti che non riportano sul pack la quantificazione del vantaggio (% sconto o importo di cui è ridotto il prezzo).

Generalmente, le promozioni di prezzo TPR (*temporary price reduction*) vengono rilevate dagli istituti di ricerca A.C. Nielsen o IRI Infoscan come tali se il prezzo è inferiore ad una certa % (ad esempio 5% per IRI) e non superano un certo numero di settimane consecutive a livello di singolo negozio (dalle 4 alle 16 in funzione della classe di prodotto o dell'istituto di ricerca).

Accanto ai vantaggi offerti al consumatore bisogna considerare anche come la promozione è comunicata all'interno del punto vendita. Quella del *display* ovvero posizioni speciali nel punto vendita è una modalità spesso utilizzata che da sola, al TPR o al *multibuy* garantisce ritorni sulle vendite notevoli.

Talvolta sono presenti anche altre modalità di promozione della marca all'interno del punto vendita come la hostess con il banco prova o iniziative di promo-comunicazione ad hoc che devono essere specificate dal cliente.

Le *consumer promotions* sono iniziative rivolte al consumatore protratte nel tempo come una partecipazione ad un concorso a premi o omaggi al raggiungimento di dato numero di acquisti. Spesso tali promozioni non sono rilevate. Solo in quei casi in cui le consumer promotions sono associate a particolari codici EAN si può inferire il successo dell'operazione, altrimenti è compito dell'analista richiedere le informazioni all'azienda relative alla partenza e ala fine dell'azione ed il numero/tipo di punti vendita interessati.

Conseguentemente la risposta alle promozioni è diversa da promozione a promozione. Essa può essere impulsiva se la promozione è limitata nel tempo o presentare effetti di saturazione simili all'advertising se protratta per più settimane. In ogni caso contrariamente all'advertising al termine della promozione si possono osservare effetti depressivi delle vendite dovuti allo stoccaggio di prodotto da parte del consumatore. Effetti di inerzia generati dalle promozioni nel medio periodo sono difficilmente osservabili. Tali azioni hanno perciò più una valenza tattica che strategica.

Comunque, semplificando il ragionamento ad una attività promozionale limitata nel tempo, la relazione tra vendite e le variabili prezzo e promozioni a livello di singolo punto vendita è del tipo:

$$S \propto BasePr^{\alpha 1} \cdot TPR^{\alpha 2} \cdot Exp(\alpha_3 Disp) \cdot Exp(\alpha_4 SP) \cdot Exp(\alpha_5 MB), \qquad (12)$$

dove *BasePr* è il prezzo di base del prodotto, *TPR* è la riduzione di prezzo praticata sul prezzo di base, *Disp* indica la modalità di comunicazione della promozione in *Display, SP* l'associazione con uno *Special Pack* e *MB* il *multibuy* o *multioffer*. Come vedremo nel prossimo paragrafo, tale relazione può essere resa additiva, attraverso il passaggio dei logaritmi e stimata con la regressione lineare.

Perché la relazione (12) abbia senso economico $\alpha_1$ deve essere negativo (cioè all'aumentare del prezzo diminuiscono le quantità vendute) e $\alpha_2, \ldots, \alpha_5$ tutti non negativi, con $\alpha_2$ è maggiore di 1.

La stima delle elasticità dipende dal tipo di dati che si posseggono. Se i dati sono disaggregati a livello di singolo negozio allora la tecnica impiegata è quella del modello gerarchico o nota anche come *Bayesian Shrinkage Estimation*. A sommi capi, consiste nel considerare un modello gerarchico, in cui ogni negozio viene classificato secondo gli attributi lo descrivono per tipologia (Supermercato, Ipermercato, Superette) e area geografica (Nord Ovest, Nord Est, Centro, Sud). A questo punto il modello di regressione elabora tutti i negozi allo stesso tempo stimando un **effetto fisso** e un **effetto** *random* legato all'appartenenza del punto vendita alla specifica classe. L'effetto fisso fornisce la media a totale Italia, mentre l'effetto *random* permette di declinare il coefficiente in funzione delle diverse micro-segmentazioni.

Ragionando invece con dati aggregati il margine di approssimazione è più ampio in quanto l'elasticità risulta mediata sull'intero panel. Inoltre si devono includere nella relazione (12) le distribuzioni ponderate delle singole promozioni. Nel modello di regressione il termine promozionale sarà rappresentato da una relazione del tipo:

$$\beta_1 (TPR^{\alpha} \cdot DP)_{TPR} + \beta_2 (TPR^{\alpha} \cdot DP)_{TPR+Disp} + \beta_3 DP_{Disp} + \beta_4 DP_{SP} + \beta_5 DP_{MB} + \ldots, \quad (13)$$

dove il parametro $\alpha$ sarà inizialmente assunto pari ad 1 e soltanto un'analisi sui residui del modello permette una stima più precisa. Il termine tra parentesi può essere considerato come uno sconto ponderato dalla distribuzione.

Uno degli aspetti più interessanti della modellizzazione è la valutazione dell'efficacia promozionale in sinergia con altre leve come l'advertising. Questo consente di rispondere alla domanda se è meglio pianificare la promozione prima, durante o dopo la pubblicità.

## 9.3.5 Le dummies

Le dummies sono variabili indicatori 1/0 è servono per segnalare la presenza di eventi in cui le vendite hanno un picco verso l'alto o il basso che in ogni caso il modello non riesce a stimare completamente. Introducendo le dummies il modello stima dei coefficienti che moltiplicano i valori delle variabili indicatori in modo da colmare il differenziale di vendite osservate e spiegate. Le dummies riferite a eventi ricorrenti come il Natale, Pasqua o Ferragosto si chiamano stagionali. È possibile definire dummies riferite anche eventi isolati (per esempio in occasione di un evento sociale di grande rilevanza).

Le dummies possono essere riferite anche ad alcune consumer promotions in cui si conosce data di partenza e fine dell'operazione.

In ogni caso, è necessaria la massima attenzione nell'introdurre dummies che consentono sì di migliorare la spiegazione del modello ma che, in numero elevato, ne riducono la capacità predittiva.

## 9.3.6 Stagionalità

Le vendite di un mercato possono presentare picchi in determinati mesi dell'anno che si ripetono negli anni. Questo andamento periodico si chiama stagionalità che può essere tradotto numericamente attraverso un indice: l'indice stagionale e calcolato mediando su più anni l'indice delle vendite rispetto alla media annuale e moltiplicandolo per 100.

In alcuni casi le marche all'interno di un mercato possono presentare stagionalità diverse. Ad esempio nel mercato dei liquori dolci alcuni di questi presentano stagionalità pronunciate in occasione delle feste di Natale e Pasqua altri in primavera e in estate. In questo caso al posto della stagionalità del mercato si costruisce l'indice di stagionalità rispetto ad un gruppo di marche.

Vi possono essere dei casi in cui non si dispone dei dati del mercato. Questo caso è più difficile in quanto si deve estrarre una stagionalità dalla marca separandola dalle azioni di marketing che presumibilmente si concentrano proprio prima e durante il picco stagionale. In questo caso è necessario costruire un modello come vedremo lineare o moltiplicativo con 11 dummies mensili.

Per alcuni mercati (gelati, bevande e birre) in cui la temperatura influenza le vendite è necessario introdurre anche l'anomalia climatica calcolata come rapporto tra la temperatura osservata e quella media stagionale (ottenuta mediando le temperature degli ultimi 10-12 anni) su tutto il periodo di stagionalità sopra 100 ponendo 1 altrimenti.

In questi casi, al posto dell'indice stagionale o delle dummies si può ricorrere ad una variabile trasformata della temperatura con un andamento di tipo quadratico $(T-20)^2$ al di sopra di data soglia di temperatura (in genere 20°C) e zero al di sotto di essa in cui T è la temperatura massima osservata nella data settimana. In certi casi può essere utile inserire nel modello anche l'indice di piovosità o il coefficiente di umidità relativa.

## 9.4    La scelta del modello marketing mix più appropriato

Il modello lineare è il modello più utilizzato per descrivere i fenomeni di marketing. Il suo successo è legato alla facilità di presentazione ai managers: l'idea di vendite incrementali per effetto della pubblicità o del taglio prezzo è connaturato nella mente umana.

D'altra parte, è altrettanto naturale ipotizzare che le performance di alcune leve risentano della stagionalità o della diffusione distributiva. Ad esempio per una marca di tè freddo, la pubblicità in piena estate avrà ragionevolmente un effetto superiore di quello che avrebbe in gennaio. Così i volumi attribuibili al taglio prezzo di una marca con distribuzione ponderata 50% saranno inferiori a quelli realizzati con distribuzione 90% e così via. Inoltre potrebbero verificarsi anche effetti sinergici tra le leve: un taglio prezzo contemporaneo alla pubblicità potrebbe essere superiore alla somma dei due contributi separati in quanto potrebbe generarsi una sinergia.

Per tenere conto di questi effetti di amplificazione degli effetti e interazione tra le variabili si introducono i modelli non lineari. Questi tipicamente sono modelli moltiplicativi o modelli misto. I primi sono del tipo:

$$S_t = \varepsilon_t K \cdot Distr_t^{\alpha_1} \cdot Adv_t^{\alpha_2} \cdot Price_t^{\alpha_3} \cdot Season_t^{\alpha_4} \cdot (1 + Dummy_t)^{\alpha_5} \qquad (14)$$

In questo caso il contributo dell'advertising dipende dalla *baseline*, dalla distribuzione e dall'indice stagionale, allo stesso modo per il prezzo.

I modelli moltiplicativi incorporano naturalmente la legge dei ritorni decrescenti in quanto una stima del coefficiente $\alpha < 1$ della leva specifica si trasferisce in una funzione di risposta di questa strettamente decrescente.

Un altro vantaggio dei modelli moltiplicativi è che i coefficienti $\alpha$ risultano proprio le elasticità alla specifica azione A secondo la definizione:

$$\eta_{Distr} = \frac{\partial S}{S} / \frac{\partial A}{A} = \frac{\partial S}{\partial A} \cdot \frac{A}{S} = \alpha_1 \frac{S}{A} \cdot \frac{A}{S} = \alpha_1. \qquad (15)$$

La determinazione delle elasticità è riconducibile alla stima dei coefficienti del modello lineare passando ai logaritmi nell'equazione (12) e applicando la regressione lineare a quest'ultima:

$$\ln(S_t) = \ln(K) + \alpha_1 \ln(Distr_t) + \alpha_2 \ln(Adv_t) + \alpha_3 \ln(Price_t) + ... + \ln(\varepsilon_t). \qquad (16)$$

In questo caso le condizioni di normalità, indipendenza sull'errore e di varianza costante nel tempo si trasferiscono al suo logaritmo.

I modelli misti, invece, presentano caratteristiche miste tra il modello additivo e quello moltiplicativo. Ad esempio un modello misto si può scrivere:

$$S_t = Distr^{\alpha_1} Season^{\alpha_4} (K + \beta_1 Adv_t + \beta_2 Price_t + \beta_3 Dum_t + ...). \qquad (17)$$

In questo caso le variabili di marketing advertising, prezzo, promozioni contribuiscono sì in modo incrementale al totale volumi ma gli effetti sono "ponderati" con la stagionalità ed il livello distributivo della marca.

Il modello misto non può essere trasformato direttamente passando ai logaritmi.

La stima delle elasticità α e dei coefficienti β può essere effettuata attraverso procedure di stima non lineare, ma risulta piuttosto laborioso e comunque non sempre privo di imprecisioni. Ciò che si utilizza è un processo a due passi:

**Step 1:** Stima delle elasticità alla distribuzione e alla stagionalità attraverso la costruzione di un modello moltiplicativo semplificato che include la stessa distribuzione e stagionalità.

**Step 2:** Stima del modello lineare sulle vendite normalizzate rispetto alla distribuzione e stagionalità con le solite ipotesi sul termine di errore:

$$\Sigma_t = (S_t / Distr^{\alpha_1} \cdot Seas^{\alpha_4}) = K + \beta_1 Adv_t + \beta_2 Price_t + \beta_3 Dum_t + \varepsilon_t. \qquad (18)$$

Per alcuni mercati, oltre alla variabile stagionale è necessario introdurre l'anomalia climatica come termine moltiplicativo.

Esistono casi in cui si osserva una componente di trend di mercato che a sua volta influenza la marca indipendentemente dalle sue azioni di marketing. Un trend è una componente lineare o non che nel tempo cresce o decresce. Il trend agisce sulle performance di marca ragionevolmente come una componente moltiplicativa nel modello (14) e (17) con una distinzione. Nel modello moltiplicativo l'elasticità del trend sarà stimata assieme a quella di tutte le altre variabili. Nel modello misto come per la stagionalità e la distribuzione è necessario stimare preliminarmente un coefficiente di elasticità a partire dal mercato. Successivamente si stimerà il modello lineare:

$$\Sigma_t = (S_t / Distr^{\alpha_1} \cdot Seas^{\alpha_4} \cdot Trend^{\alpha_3}) = K + \beta_1 Adv_t + \beta_2 Price_{t..} + \varepsilon_t. \qquad (19)$$

In generale i modelli moltiplicativi e misti riescono a spiegare meglio le dinamiche di marca con R quadrati e capacità predittive superiori in presenza di dinamiche distributive in evoluzione, di fenomeni stagionali o di trend di mercato.

Nella pratica comunque in presenza della sola stagionalità potrebbe risultare essere ancora conveniente lavorare con un modello lineare. In questo caso diventa più laborioso in quanto è necessario distinguere gli effetti del marketing mix in alta e bassa stagionalità. Ciò si realizza sdoppiando le variabili, ad esempio la variabile promozionale in *Promo Alta Stagionalità* i cui valori sono uguali a quella della variabile promozionale se l'indice stagionale è maggiore di 100 e zero altrimenti e viceversa per la *Promo Bassa Stagionalità* per poi passare alla stima dei due coefficienti. Per riprodurre la stagionalità invece è necessario introdurre 11 dummy mensili (la dodicesima essendo già incorporata nell'intercetta).

In alternativa a questo metodo si possono stimare i coefficienti separatamente sulle osservazioni il cui indice di stagionalità è superiore a 100 e su quelle con stagionalità sottomedia.

Come abbiamo già descritto nel paragrafo 9.4.6, nel mercato delle bevande analcoliche stagionalità e anomalia climatica possono essere sostituiti con una trasformazione della temperatura con soglia del tipo:

$$Clima_t = \begin{cases} (T_t - \tau)^\gamma, \gamma > 1 & \text{se } T_t \geq \tau°C \\ 0 & \text{se } T_t < \tau°C \end{cases}, \qquad (20)$$

con g e t scelti in modo da massimizzare il fit tra le variazioni delle temperature e quelle delle vendite (solitamente g intorno a 2 e t = 20°C). Una volta determinata la sensibilità al fattore clima è possibile separare la componente stagionale dall'anomalia climatica mediante la scomposizione della variabile clima in:

$$Clima_t = (<T>_t - 20)^\gamma + \{(T_t - 20)^\gamma - (<T>_t - 20)^\gamma\}, \quad se\ T_t \geq 20°C, \quad (21)$$
$$= Seas_t + AnomClim_t,$$

in cui il primo termine a destra *Seas* rappresenta la componente stagionale con $<T>_t$ la temperatura media su un arco temporale di 10-12 anni ed il secondo *AnomClim* l'incremento dovuto all'anomalia climatica corrente.

In tutti i casi i modelli lineari che si ottengono potrebbero risultare piuttosto rigidi ed utilizzabili più ai fini esplicativi che predittivi.

In conclusione, a nostra esperienza i modelli misti sono da preferire rispetto sia a quelli lineari che a quelli moltiplicativi in quanto consentono maggior flessibilità nel selezionare e testare le sinergie di maggior interesse. In ogni caso, sta nell'analista la preferenza.

## 9.5   La modellizzazione econometrica

Il problema principale della modellizzazione marketing mix è che non si conosce *a priori* né i fattori che impattano sul business né le relazioni tra le variabili che compongono il modello. Entrambi dipendono dal tipo di mercato in cui la nostra marca opera (stagionale, con trend, di nicchia o di massa), dalla struttura del mercato (concentrato o concorrenza perfetta), dalla fase di vita della marca stessa (lancio, sviluppo, maturità) e dalla sua posizione relativa nel mercato (*leader, follower*, nuovo entrante). La combinazione di queste informazioni necessariamente incide sulla scelta del tipo di modello e delle variabili da includersi.

Perciò la costruzione del modello è organizzata in diverse fasi. Anticipiamo qui un esempio ispirato dal largo consumo che tratteremo nel prossimo capitolo in dettaglio.

### Fase 1: La raccolta dei dati e controllo

Con un brief articolato l'analista ha richiesto alle varie direzioni ricerche, marketing, comunicazione e media le diverse informazioni su un periodo da 3 ad un massimo di 5 anni, che andranno a comporre il database su cui lavorare per testare il modello.

In una sezione sono stati richiesti i dati di vendita settimanali a totale Italia e totale distribuzione moderna (Super, Iper, Superette). I fatti richiesti sono: Vendite a Volume e a Valore, Vendite di Base a Volume e a Valore, Vendite in Promozione a Volume e Valore, Distribuzione Numerica e Ponderata, Numero medio referenze, Distribuzione ponderata delle singole promozioni *in store*, e taglio prezzo %.

Se la marca ha più referenze che differiscono sensibilmente per peso/taglia/contenuto o è costituita da più sub-brands è opportuno richiedere N database tanti quanti sono le referenze di interesse per modellizzarli separatamente sommandone poi i risultati.

Ai fatti standard è stata affiancata la richiesta di specificare la presenza di eventuali *consumer promotions* indicando il periodo di partenza e termine e il livello distributivo o la serie storica associata alla particolare referenza interessata dall'azione. Anche eventuali di *sampling* o distribuzioni di prodotto con l'indicazione della data di partenza, del numero di giorni, dei luoghi interessati e del numero di campioni.

Per quanto riguarda la comunicazione stati richiesti dati di pressione pubblicitaria settimanale sul target di riferimento su tutti i mezzi: TV (generalista, satellitari, musicali), Radio, Stampa, Affissione, Internet e Cinema. L'indicazione del sogget to, del tipo di campagna o dell'obiettivo di comunicazione associato ai Grp è fondamentale se si vuole testare l'efficacia sulle vendite delle diverse creatività. Per le azioni virali o di sponsorizzazione di eventi (sport, musica, ecc) devono essere indicati data di partenza, numero giorni, area, presenze all'evento, supporto media con i dati di pressione, ecc.

Infine se necessarie altre informazioni relative alle temperature, dati di piovosità, di clima di consumo o di ricerche varie di climi di consumo della categoria a cui appartiene la marca.

In questa fase sarà fondamentale verificare la coerenza e la completezza di tutte le informazioni raccolte ed eventualmente ricontattando l'azienda. Un solo errore di trasmissione dei dati comporta un danno talvolta letale ai fini dell'analisi vanificando tutte le conclusioni a cui si perviene.

## Fase 2: Il database

È necessario preparare un database contenente tutte le informazioni riguardanti la marca, che per semplicità supporremo costituita da una sola referenza.

Le variabili da includere sono le vendite totali e di base, la sua distribuzione ponderata, il prezzo assoluto, il prezzo di base, il prezzo relativo rispetto al mercato in indice, le distribuzioni ponderate delle promozioni, gli adstock pubblicitari a totale, per mezzo e per soggetto. A queste si aggiungono informazioni di festività ricorrenti (Natale, Pasqua, ecc.) definite come *dummies*, le informazioni relative alla stagionalità e al trend. Infine le variabili riguardanti il resto del mercato: il prezzo assoluto, distribuzioni ponderate delle promozioni, e lo stock pubblicitario della *competition*. Il database dovrebbe essere organizzato per *buckets* o cestini. Il *bucket place* contiene la distribuzione numerica e ponderata della marca monoreferenza e nel caso multireferenza (varianti diverse ma omogenee in formato) il numero medio di referenze per punto vendita. Il *bucket price* contiene il prezzo assoluto della marca, il prezzo relativo, il price gap vs. mercato e vs. particolari competitors, il prezzo di base, il prezzo di base meno il prezzo della competition. Il *bucket promotions* contiene l'intensità promozionale definito come vendite in volume uscite in promozione sulle vendite totali, la distribuzione ponderata della promozione, il taglio prezzo %, il taglio prezzo % ponderato con la distribuzione della promozione di prezzo che si esprime anche come la differenza tra il prezzo di base e il prezzo assoluto sul prezzo di base, le distribuzioni ponderate di tutte le promozioni rilevate (Display, TPR distributore, TPR produttore, Special Pack, Multibuy, TPR+Display, Loyalty cards). Il *bucket pubblicità* contiene l'adstock pubblicitario totale, l'adstock per mezzo, l'adstock per diverse strategie di comunicazione, l'adstock per soggetto pubblicitario, sulla TV l'adstock per diverse lunghezze e per tutte le variabili media o creative che si vuole testare (formato pagina sulla stampa, tipo di creatività, flight con obiettivi di frequenza vs. copertura, ecc) si costruisce un adstock specifico. Analogamente si costruiscono *buckets* per la concorrenza.

### Fase 3: L'esplorazione del database

Si passa così ad esplorare i dati prima graficamente alla ricerca delle prime correlazioni semplici, giustapponendo le vendite in successione con i fattori che possono averle determinate: il prezzo, le promozioni, la distribuzione, l'*adstock* pubblicitario (vedi Fig. 9.9).

L'esplorazione grafica delle vendite è un passaggio fondamentale per la comprensione delle dinamiche, l'individuazione dei *drivers* e l'impostazione del modello marketing mix più adatto.

### Fase 4: La scelta del modello marketing mix

Questo passaggio riguarda sia la forma funzionale del modello, argomento già approfondito nel paragrafo 9.5, sia i fattori di marketing da includere nel modello. Come

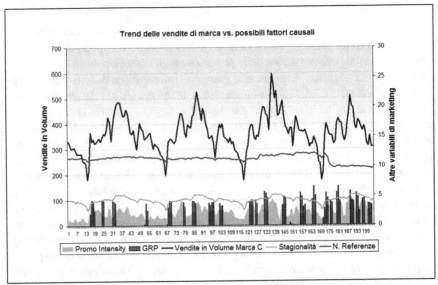

**Fig. 9.9** L'esplorazione grafica delle vendite vs. i possibili fattori che le hanno determinate è un passaggio fondamentale per la comprensione delle dinamiche, l'individuazione dei drivers e l'impostazione del modello marketing mix più adatto

già detto a priori non sono noti quali fattori possono avere influenzato le vendite e d'altra parte inserire tutte le possibilità può non essere una buona strategia di attacco al problema in quanto la regressione potrebbe non riconoscere i fattori essenziali. È opportuno individuare strategie diverse. Una di queste consiste nel valutare i fattori che già graficamente sembravano essere i possibili *drivers*. Un'altra strategia impiegabile consiste nel testare diverse decine di modelli econometrici contenenti per ogni macro leva di marketing (distribuzione, prezzo, pubblicità, promozioni) una o più variabili dai diversi *buckets* del database costruito in precedenza, a condizione che non siano duplicate. A queste si aggiungono le dummies delle festività, eventuali anomalie stagionali e la concorrenza. Questo metodo ricorda quello della forza bruta ed è reso possibile o con laboriose procedure manuali o aiutati da procedure automatizzate.

### Fase 5: Il processo di stima del modello

A questo punto si passa alla fase di test dei diversi modelli. È in questa fase si gioca tutta l'esperienza dell'analista nel saper selezionare il modello migliore, l'unico che verrà successivamente utilizzato per tutte le valutazioni di efficacia, efficienza e proiezioni.

Alcuni criteri vengono in soccorso dell'analista per orientarlo nella scelta del modello. Essi sono un mix di tecniche statistiche e di sensibilità economica. Li elenchiamo:
- completezza del modello nel considerare tutte le 4P del mix;
- coefficienti di elasticità con valori di significatività al di sotto del 5%;
- segno dei coefficienti coerenti con il senso economico; per la distribuzione, il numero di referenze, la distribuzione o l'intensità della promozione, la pubblicità i coefficienti devono essere positivi in quanto a variazioni positive/negative di queste leve devono corrispondere variazioni positive/negative delle vendite. Viceversa per il prezzo il suo coefficiente deve essere negativo in quanto ad un aumento di prezzo salvo eccezioni corrisponde una diminuzione dei volumi;
- numero di variabili limitato, il modello non deve risultare sovradeterminato da un numero eccessivo di variabili, non sempre tra loro indipendenti con il rischio di avere un modello con un ottima capacità esplicativa ma scarsa capacità predittiva. Una regola del pollice afferma che dovrebbero esserci almeno 20 osservazioni disponibili per ogni variabile.

Inoltre alcune statistiche e test sono in grado di discriminare la bontà dei diversi modelli. Esse sono:
- **R quadrato**, è il *fit* del modello cioè la % di varianza nella variabile dipendente spiegata dalla variazione delle variabili indipendenti. In genere, si accettano solo modelli con $R^2$ superiori a 90%;
- test **Durbin-Watson**, per verificare la non correlazione seriale dell'errore della regressione. Si accettano solo modelli con Durbin-Watson tra 1,6 e 2,4;
- **multicollinearità**, per misurare il grado di indipendenza tra le diverse variabili che

compongono il modello. Una variabile che risulti spiegata per più dell'80% dalla combinazione delle altre variabili del modello (ovvero presenta una tolleranza inferiore al 20%) non dovrebbe essere inclusa nel modello in quanto causa distorsioni nei coefficienti;

- **MAPE** *mean absolute percentage error*, è la media sul periodo di analisi degli errori percentuali del modello sulle osservazioni. Si considerati accettabili solo i modelli con un MAPE < 10%;
- *Hold out error*, è un indicatore della bontà del modello nel prevedere il futuro. In pratica, si esclude più *sets* di alcune settimane e si stima nuovamente il modello, ad esempio su tre anni, 13 osservazioni. Queste osservazioni vengono usate per la previsione del modello "ridotto". Un buon modello è in grado di fare previsioni se l'errore medio assoluto su questi *sets* di 13 settimane è inferiore al 10%;
- **omoschedasticità** (ovvero varianza costante) degli errori vs. il tempo e vs. ogni variabile indipendente e vs. i valori predetti;
- normalità della distribuzione degli errori;
- *outliers* ovvero settimane il cui dato previsto si discosta particolarmente dal dato osservato. Essi sono messi in evidenza dal software statistico e necessitano di una analisi particolareggiata in quanto sono fonte di distorsione dei coefficienti. Se la singolarità non è rimovibile attraverso l'introduzione di un fattore causale (ad esempio un caldo eccezionale, una sinergia inattesa tra due variabili, un evento particolare relativo alla marca amplificato dai media, ecc.) allora è opportuno o introdurre una *dummy* nella settimana in questione oppure è meglio eliminare la settimana dall'analisi.

Infine, se possibile, è opportuno confrontare le promozioni stimate dal modello con quelle precalcolate su basi statistiche diverse dagli istituti A.C. Nielsen o IRI Infoscan a seconda della base dati che si sta impiegando. Modelli il cui valore incrementale dovuto alle promozioni è decisamente diverso (ad esempio il doppio, la metà, ecc) da quelle incrementali Nielsen/IRI dovrebbero essere considerati molto attentamente o scartati.

Inoltre un "cattivo" modello *lo si vede dalla distribuzione non gaussiana degli errori*, dal pattern temporale con zig-zag frequenti oppure con andamenti sinusoidali che, come già detto nei paragrafi precedenti, sono il chiaro segno di una non corretta impostazione matematica del modello o di variabili mancanti.

## 9.6   L'analisi "due to ..." e la scomposizione dei volumi

Una volta stimato il modello, l'analisi *"due to ..."* consiste nel separare i diversi contributi alle vendite totali.

Uno dei vantaggi del modello lineare è la possibilità di scomporre i contributi come addendi di una somma e di rappresentarli agevolmente su un grafico. Infatti ogni contributo è il prodotto della leva per il suo coefficiente di sensibilità.

Per ottenere le vendite di base si procede come segue: si considerano le variabili come differenze tra il livello attuale e quello rispetto a t=0. Così il contributo differenziale dovuto alla distribuzione diventa:

$$Due\ to\ Distr_t = \beta_D \cdot (Distr_t - Distr_{t_0}).\quad (22)$$

Analogamente il contributo del prezzo considerato rispetto al prezzo t=0 diventa:

$$Due\ to\ Price_t = \beta_P \cdot (Price_t - Price_{t_0}).\quad (23)$$

Così per tutte le altre variabili. Successivamente, al valore dell'intercetta $\beta_0$ si aggiungono il contributo di distribuzione, prezzo, ecc. al tempo iniziale e le *dummies* stagionali ed eventualmente l'effetto competitivo:

$$BaseSales_t = \beta_0 + \beta_d \cdot Distr_{t_0} + \beta_P \cdot Price_{t_0} + \beta_S \cdot Seas_t + \dots .\quad (24)$$

L'espressione (24) rappresenta così le vendite di base.

Anche il modello misto (17) è scomponibile e rappresentabile graficamente come somma di contributi. In essi sono presenti anche le interazioni l'azione di marketing con il trend, la distribuzione e la stagionalità. Il contributo del prezzo e dell'advertising sono rispettivamente:

$$Due\ to\ Price_t = \beta_P Seas_t^{\alpha_2} Trend_t^{\alpha_3} Distr_t^{\alpha_1} (Price_t - Price_{t_0})\quad (25a)$$

$$Adv_t = Seas_t^{\alpha_2} Trend_t^{\alpha_3} Distr_t^{\alpha_1} (\beta_A \cdot Adv_t)\quad (25b)$$

Il contributo della distribuzione è invece dato da:

$$Due\ to\ Distr_t = (K + \beta_P \cdot P_{t_0}) \cdot Seas_t^{\alpha_2} Trend_t^{\alpha_3} (Distr_t^{\alpha_1} - Distr_{t_0}^{\alpha_1})\quad (26)$$

Per cui le vendite di base sono date da:

$$BaseSales_t = (K + \beta_P \cdot Price_{t_0} + \dots) \cdot Seas_t^{\alpha_2} Trend_t^{\alpha_3} Distr_{t_0}^{\alpha_1}\quad (27)$$

Dove i puntini entro le parentesi della (27) rappresentano gli eventuali contributi derivanti dalle dummies di base piuttosto che l'impatto dei competitors derivante da prezzo, specifiche promozioni o advertising.

Per scomporre il modello moltiplicativo in somma di contributi si ricorre in genere ai logaritmi dell'espressione (14). Questa nuova rappresentazione però non è sempre digeribile al management. Per cercare comunque di rappresentare gli effetti come una somma, si ricorre ad una versione discreta del teorema fondamentale del calcolo integrale applicata al prodotto di più funzioni. Partendo da due funzioni $f$ e $g$ definite e continue a tratti su certi intervalli di valori con un numero finito di discontinuità si ha:

$$f(p_t)g(q_t) = f(p_0)g(q_0) + \sum_{s=0}^{t} (f(p_{s+1}) - f(q_s)) \left[ \frac{g(q_{s+1}) + g(q_s)}{2} \right] +$$
$$+ \sum_{s=0}^{t} \left[ \frac{f(p_{s+1}) + f(p_s)}{2} \right] (g(q_{s+1}) - g(q_s)).\quad (28)$$

Si riconosce pertanto nella (28) la somma di più termini: la funzione valutata nel punto iniziale che possiamo interpretare come l'intercetta, un secondo termine che possiamo interpretare il contributo della leva *p* (ponderato con *g(q)*) ed un terzo termine il contributo della leva $q$ (ponderato con $f(p)$). Attraverso una serie di calcoli dello stesso tipo che omettiamo per brevità, la (28) è generalizzabile a prodotto di n funzioni di altrettante variabili o a funzioni generali del tipo $f(X_1, X_2,..., X_n)$. Il modello moltiplicativo diventa così un modello a tutti gli effetti lineare in cui:

$$S_t = \varepsilon_t K \cdot X_{1t}^{\alpha_1} \cdot X_{2t}^{\alpha_2} \cdot ... \cdot X_{Nt}^{\alpha_3} = K \cdot (Y_{1t} + Y_{2t} + ... + Y_{nt}) + (\varepsilon_t - 1) \cdot K \cdot X_{1t}^{\alpha_1} \cdot X_{2t}^{\alpha_2} \cdot ... \cdot X_{Nt}^{\alpha_3}, \quad (29)$$

dove lo scostamento assoluto percentuale dalle vendite tra il modello e l'osservato diventa $L1-1/\varepsilon_t L$, che è tanto più piccolo quanto più lo è il termine *log* $\varepsilon_t$ nella regressione di partenza.

Nella pratica è consuetudine attribuire la parte non spiegata rappresentata dall'errore alle vendite di base. La somma delle vendite di base e dell'errore talvolta prendono il nome di *Other Sales*.

Con la scomposizione dei volumi si giunge così alla fine del lavoro teorico di modellizzazione. Da adesso in poi iniziano i ragionamenti economici, ovvero di valutazione dell'efficacia e dell'efficienza degli sforzi di marketing nel generare volumi incrementali. Questo sarà l'argomento del prossimo capitolo.

# Capitolo 10

# Appendice: **Le analisi di ritorno sugli investimenti**

*"Un Maestro di scacchi non cerca la mossa migliore: la vede".*
Garry Gasparov

In questo capitolo affronteremo lo studio di modellizzazione econometrica in concreto allo scopo di mostrare le fasi del processo in azione e di approfondire le analisi di ritorno sull'investimento in un contesto non teorico.

Nell'applicazione di un caso pratico, ripercorreremo tutte le fasi descritte nei paragrafi 9.6 e 9.7 del capitolo precedente. Approfondiremo anche alcuni aspetti teorici come la regressione a due livelli e le analisi di ritorno sugli investimenti che viste in pratica rendono le spiegazioni più fluenti.

D'altra parte, una delle principali difficoltà nel citare *case histories* reali consiste nella riservatezza delle aziende a fornire i loro dati per la divulgazione.

Pertanto per motivi di etica professionale i dati presenti sono stati completamente inventati per rendere possibile l'illustrazione dei metodi discussi in precedenza e come si usa dire nei film ogni riferimento a marche, cose o fatti reali è puramente casuale e non voluto.

Dunque analizzeremo una marca L leader in un mercato del largo consumo, dove nel seguito supporremo di poter disporre di tutti i dati di vendita settimanali nella distribuzione moderna a livello sia di marca totale che per referenza, così come i dati del mercato e dei principali concorrenti negli ultimi tre anni e mezzo. Analogamente, dati di pressione pubblicitaria per mezzo, per formato e per soggetto pubblicitario andato in onda per la marca L e la concorrenza.

F. Babiloni, V.M. Meroni, R. Soranzo, *Neuroeconomia, Neuromarketing e Processi decisionali*
© Springer, Milano, 2007

## 10.1 La presentazione del caso della marca L

Dopo aver ordinato le informazioni di vendita e di pressione pubblicitaria in un database su un foglio di calcolo, la prima fase riguarda l'analisi della situazione della marca, del suo marketing mix e dell'arena competitiva. È questa la fase che consente di comprendere molte delle dinamiche sottostanti e dei fattori che guidano la marca e di attuare perciò una strategia di modellizzazione efficace. È anche un passaggio fondamentale della presentazione dei risultati del modello all'azienda, in quanto consente al ricercatore di condividere le sue analisi con il cliente e di giustificare la scelta del modello, delle variabili inserite e delle eventuali interazioni. Pertanto vista l'importanza ci addentreremo nel dettaglio.

### *10.1.1 Analisi della situazione:*

Il mercato cui appartiene la marca L è un mercato in fase di sviluppo caratterizzato da un trend in crescita, stagionale con picchi piuttosto accentuati, fortemente promozionato, con numerose marche presenti e nuovi lanci di varianti che, dando al prodotto nuovi benefit funzionali, mirano a coprire tutti segmenti di consumo (vedi Fig. 10.1).

La marca L è leader di mercato in termini di quota a volume. La posizione di mercato, conquistata grazie alla qualità percepita del prodotto ed un posizionamento inizialmente innovativo, è ora mantenuta attraverso l'impiego massiccio delle leve dell'advertising TV, delle promozioni e soprattutto della distribuzione, con numerose referenze a scaffale (che si suppongono per semplicità omogenee in termini di peso/contenuto) e una

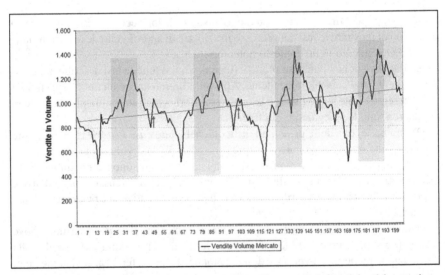

**Fig. 10.1** Il mercato rappresentato in figura presenta un andamento periodico tipico dei mercati stagionali con diversi picchi accentuati. È un mercato ancora in fase sviluppo, caratterizzato da un trend di crescita al cui interno si osservano lanci di nuove marche e varianti. I dati sono inventati ai soli fini illustrativi

visibilità in continuo miglioramento. Questo ha consentito alla marca L di sostenere un posizionamento di prezzo *premium* del +30% rispetto al mercato. Nel mercato sono presenti altri marche storiche ma con quote decisamente inferiori mentre le marche legate all'insegna del distributore o *private labels* PL, guadagnano terreno riuscendo a conquistare il ruolo di *second player*. La loro crescita è dovuta soprattutto ad una qualità percepita simile a quella del leader, ad un prezzo decisamente inferiore -30%, all'immagine della catena distributiva nella relazione di fiducia con il proprio consumatore. La crescita comunque sembra avere un impatto anche sulle performance della marca leader che dovrà essere meglio esplorata nel corso dell'analisi econometrica (vedi Fig. 10.2).

Nell'ultimo periodo, si registra il lancio di una nuova marca, che chiameremo S, con la stessa potenza di fuoco del leader in termini distributivi, di risorse pubblicitarie e di promozioni. Inoltre S si affaccia con un prodotto innovativo, una promessa di efficacia superiore e rivolto a un target leggermente più giovane di quello di riferimento della marca L. Il tutto con un posizionamento di prezzo inferiore del 15% rispetto a L. Dopo 6 mesi a regime S raggiunge l'85% di distribuzione ponderata diventando il principale competitor (vedi Fig. 10.3).

La marca L reagisce attuando una politica di brand extension introducendo due nuove sub-brands con caratteristiche simili a S per contrastarne la crescita. Per fare spazio ai due lanci e non sostenere ulteriori costi di distribuzione, la marca L riduce le referenze della core brand C di 2 unità e dismette la sub-brand B che non ha riscosso particolare successo (vedi Fig. 10.4).

La marca L incrementa anche la pressione pubblicitaria TV del 40% e l'intensità promozionale del 10%. Inoltre lancia un nuovo format creativo con l'impiego di un testimonial con un'elevata notorietà e immagine sul suo target di riferimento. Lo

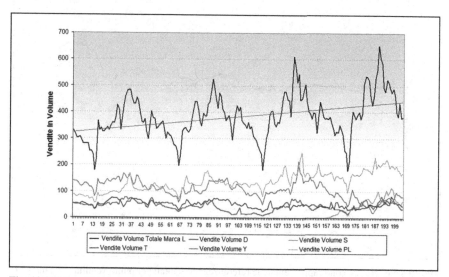

**Fig. 10.2** Nel grafico sono rappresentate le diverse marche che compongono il mercato. Si può osservare la crescita della marca L e delle marche private PL. Le altre marche storiche mantengono una posizione sempre più marginale. I dati sono inventati ai soli fini illustrativi

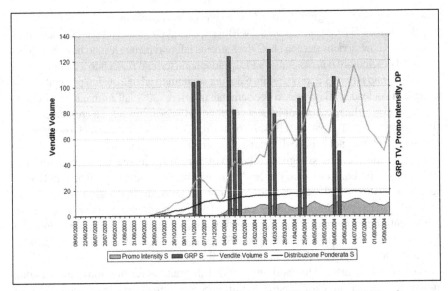

**Fig. 10.3** Il lancio della marca S è un evento che perturba gli equilibri del mercato entrando con una potenza di fuoco simile a quella del leader L e con un prodotto innovativo. È necessaria una risposta da parte di L per arginare il nuovo ingresso. I dati sono inventati ai soli fini illustrativi

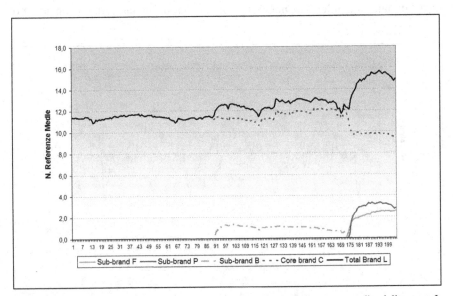

**Fig. 10.4** Nel grafico sono rappresentate le referenze medie totali per punto vendita della marca L (in nero) della core brand (tratteggiato), delle sub-brand P (grigio intermedio), B (grigio chiaro tratteggiato) e F (grigio chiaro continuo). Si osservi come per far posto alle nuove referenze la core brand C abbandoni due referenze medie e dismetta la sub-brand B. I dati sono inventati ai soli fini illustrativi

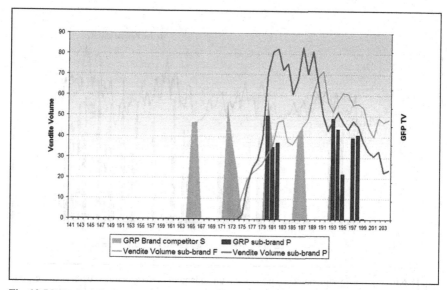

**Fig. 10.5** Il lancio delle due sub-brand P (vendite in grigio intermedio) e F (vendite in grigio chiaro). Il lancio di P è supportato anche da importanti investimenti in TV (istogrammi), ma dopo il primo flight la reattività all'advertising sembra sensibilmente diminuita. Fine dell'effetto prova? Per poter rispondere a questo domande è necessario costruire un modello marketing mix che identifichi i drivers e valuti l'effetto competitivo da parte delle PL e di S. I dati sono inventati ai soli fini illustrativi

stesso format con un soggetto differente viene impiegato per il lancio della sub-brand P, con tre flight televisivi a partire dall'osservazione 180 mantenendo un supporto in comunicazione sulla core brand C. Nonostante questi sforzi i volumi della marca L nell'ultimo periodo crescono solo del 6,2% con una leggera perdita in quota di mercato a volume. Anche il lancio di P dopo il primo flight non sembra più rispondere all'advertising (vedi Fig. 10.5). La situazione che abbiamo appena esposto è abbastanza comune a molti mercati, dove le battaglie per la conquista di punti di quota sono combattute attraverso lanci di nuovi prodotti ed un uso coordinato di promozioni ed advertising.

Nel nostro caso ci si chiede che cosa è successo, quali sono i drivers di L e quali le leve che non hanno funzionato, come migliorare l'efficacia dell'azione di contrasto.

## 10.1.2 Il modello

Dal momento che il mercato presenta una stagionalità piuttosto accentuata si procederà alla destagionalizzazione delle vendite di L, calcolando prima gli indici stagionali rigorosamente sulle vendite di base del mercato.

Successivamente è necessario costruire un modello moltiplicativo preliminare la cui variabile dipendente è data dalle vendite di base di L ed i cui fattori esplicativi sono la distribuzione, le referenze, il prezzo di base, gli indici stagionali del mercato e l'eventuale trend.

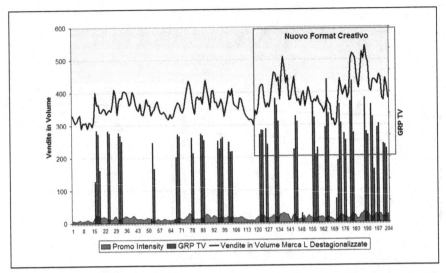

**Fig. 10.6** Le vendite destagionalizzate presentano un andamento più regolare. Si osserva una crescita a seguito dell'incremento della pressione pubblicitaria e del lancio del nuovo format creativo. I dati sono inventati ai soli fini illustrativi

In questo caso, dopo essere passati ai logaritmi, la regressione lineare restituisce un coefficiente legato alla stagionalità pari a 1,1 con un livello di significatività molto elevato. Le vendite destagionalizzate dunque si ottengono dividendo le vendite totali di L per gli indici stagionali elevati al coefficiente trovato 1,1 (vedi Fig. 10.6).

Dal momento che non si osservano particolari trends e che la distribuzione della marca è pressoché saturata al 99%, la nostra scelta ricade su un modello lineare applicato alle vendite destagionalizzate del tipo:

$$Vendite\_dest_t \equiv S_t/Stag_t = (b_0 + \beta_1 Ref_t + \beta_2 Adv_{1,t} + \beta_3 Adv_{2,t} + \\ + \beta_3 Promo_t + \beta_4 \cdot BasePrice_t + \beta_5 DummyStag_t + \beta \cdot Comp_t), \tag{1}$$

dove la variabile *Ref* si riferisce al numero di referenze medie per punto vendita, $Adv_{1,2}$ alla pubblicità riferita ai due format creativi di cui si vuole testare le differenti reattività, *Promo* alle promozioni, *BasePrice* al prezzo di base, *DummyStag* alle ricorrenze di Pasqua, Natale e Ferragosto, *Comp* alla attività competitiva di prezzo e pubblicità.

Ora di fronte ad una marca che lancia due sub-brand è meglio considerare equazioni separate una per la *core brand* C (inclusa la *sub-brand* B visto il ruolo marginale) e due per i lanci F e P. Il modello finale risulterà pertanto la somma dei tre modelli C, F e P. D'altra parte, nella modellizzazione di ognuna delle varianti dovremo considerare gli effetti sinergici e/o competitivi derivanti dalle altre varianti. Ad esempio l'equazione che modella la *core brand* C dovrà considerare gli effetti sinergici o competitivi derivanti dalla distribuzione di P, dal suo advertising e dalle sue promozioni. Analogamente per P (risp. F) gli effetti di F (risp. P) e C. Sarà l'elaborazione statistica dei dati che confermerà o rigetterà tali ipotesi in funzione della loro significatività e del significato economico.

L'equazione completa per la *core brand* C dunque potrebbe scriversi nel nostro caso così:

$$S\_C_t /Stag_t = [c_0 + \gamma_1 Ref\_C_t + \gamma_2 Adv\_C_{1,t} + \gamma_3 Adv\_C_{2,t} + \gamma_3 PriceDisk\_C_t +$$
$$+ \gamma_4 (BasePrice\_C_t - PriceComp_t) + \gamma_5 Adv\_P_t + \gamma_6 PromoInt\_P_t + \quad (2)$$
$$+ \gamma_7 PromoInt\_F_t + \gamma_8 PromoInt\_S_t + \gamma_9 AdvComp_t + \gamma_{10} DummyStag_t],$$

dove la lettera C connota la leva relativa alla *core brand* C, *BasePrice_C* è il prezzo di base di C, *PriceDisc_C* è lo sconto ponderato dato da uno meno il prezzo assoluto sul prezzo di base e rappresenta le promozioni di prezzo. Il *Price_Comp* è il prezzo del resto mercato escluso la marca S e la differenza tra il *BasePrice_C* e il *PriceComp* rappresenta l'erosione competitiva dovuta al differenziale di prezzo. L'*Adv_P* è l'advertising della *sub brand* P, mentre l'*AdvComp* è l'advertising della *competition* esclusa la marca S. *PromoInt_P, PromoInt_F* e *PromoInt_S* sono le intensità promozionali delle *sub brand* P e F e di S moltiplicati per le rispettive distribuzioni ponderate; esse rappresentano la competizione di prezzo interna alla marca L e quella derivante dal lancio S. In aggiunta, al secondo membro dell'equazione (2) potrebbe essere rilevante testare anche l'effetto derivante dalla crescita in distribuzione dei diversi lanci.

Per scrivere l'equazione della *sub-brand* P è necessario normalizzare le vendite non solo rispetto alla stagionalità ma anche rispetto alla distribuzione. In questo caso l'equazione del modello risulta del tipo:

$$S\_P_t /(Stag_t \cdot DP_t) = [d_0 + \delta_1 Ref\_P_t + \delta_2 Adv\_P_t + \delta_3 PromoInt\_P_t +$$
$$+ \delta_4 PromoInt\_S_t + \delta_5 Adv\_C_t + \delta_5 DummyStag_t \quad (3)$$

Analoga equazione vale per la *sub brand* F. Prima di far girare il modello con un pacchetto statistico *ad hoc* per gestire una tale complessità, la variabile advertising essa è stata trasformata in *adstock* con diverse saturazioni e decadimenti da testare in modo da massimizzare l'$R^2$. Per quanto riguarda la *core brand* C, la varianza spiegata $R^2$ dal modello (2) è dell'84% un valore elevato dal momento che stiamo analizzando le vendite depurate dal *driver* stagionale. I coefficienti sono quasi tutti significativi al 5% con segni coerenti dal punto di vista economico (vedi Tabella 10.1).

**Tabella 10.1** L'analisi di regressione dei dati sulla base del modello (2) restituisce le statistiche sui coefficienti del modello. La prima colonna si riferisce alla stima del coefficiente γ mentre la seconda al suo errore standard. La terza e la quarta colonna fanno riferimento alla significatività della stima. In questo caso tutti i coefficienti legati alle variabili hanno senso economico e sono significativi con un p-level inferiore a 0,05. I dati sono inventati ai soli fini illustrativi

|  | Estimate | Std.Err. | t(189) | p-level |
|---|---|---|---|---|
| Intercetta | 105,4 | 63,6 | 1,66 | 0,10 |
| Ref_C | 19,6 | 5,4 | 3,65 | 0,00 |
| Adv C$_1$ | 31,6 | 6 | 5,24 | 0,00 |
| Adv C$_2$ | 34,9 | 5,1 | 6,81 | 0,00 |
| PriceDisk_C$_1$ | 5,6 | 0,5 | 12,43 | 0,00 |
| PriceDisk_C$_2$ | 5,4 | 0,3 | 16,17 | 0,00 |
| BasePrice_C - PriceComp | -22,3 | 11 | -2,03 | 0,04 |
| Adv_P | 51,7 | 14,3 | 3,61 | 0,00 |
| AdvComp | -14,9 | 7,4 | -2,02 | 0,04 |
| PromoInt_S | -0,7 | 0,35 | -2,00 | 0,05 |
| DymmyStag | -25,7 | 9,2 | -2,80 | 0,01 |

Anche i modelli sulle altre due *sub brand* restituiscono spiegazioni altrettanto soddisfacenti.

### 10.1.3 La scomposizione dei volumi

Avendo calcolato tutti i coefficienti dei modelli possiamo scomporre i volumi nei singoli contributi. Successivamente essi potranno essere sommati coerentemente per andare a comporre i contributi alle vendite totali di L. In altre parole, la somma dei volumi dovuti alla pubblicità della *core brand* C, della *sub brand* P costituisce il contributo della pubblicità ai volumi totali della marca L, la somma dei volumi incrementali dovuti alle promozioni della *core brand* C, delle *sub brand* P e F costituisce la parte incrementale dovuta alle promozioni della marca L e così via. I volumi sottratti dalla attività competitiva possono sommati ed attribuiti alla base di L. Infine moltiplicando il tutto per il coefficiente di stagionalità si ottiene la scomposizione dei volumi di L (vedi Fig.10.7).

Finalmente dalla Figura 10.7 possiamo vedere con i nostri occhi ciò che è successo. Le vendite di base della *core brand* C (l'area in blu) subiscono un calo significativo in concomitanza del lancio del competitor S dovuto sia alle minori referenze a scaffale per far posto ai due lanci sia per l'attacco di S e delle PL. Ciò è in

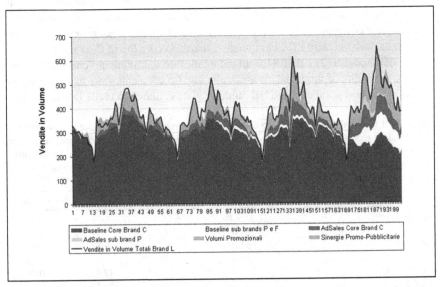

**Fig. 10.7** La scomposizione delle vendite del modello econometrico del nostro esempio è stata ottenuta sommando i contributi di tutte le varianti C, P e F stimate separatamente. Si possono osservare la base di vendite rappresentata dall'area in grigio scuro, le vendite incrementali dovute all'azione pubblicitaria rappresentate dall'area in grigio più chiaro, le vendite incrementali dovute alle promozioni in grigio intermedio e, le vendite di base dovute alle nuove varianti P e F sono descritte in legenda. I dati sono inventati ai soli fini illustrativi

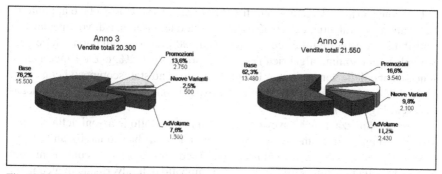

**Fig. 10.8** L'"analisi delle torte" delle vendite a confronto in due periodi diversi. Si osserva la crescita del peso assoluto e relativo dell'advertising, delle promozioni e delle varianti mentre la base della
core brand C flette in termini assoluti e relativi dovuto alla perdita di referenze e all'attacco di S e
delle PL. I dati sono inventati ai soli fini illustrativi

parte compensato dalla area chiara che costituisce la baseline di P e F. Ma anch'essa tende dall'osservazione 193 ad assottigliarsi in quanto dopo l'iniziale *trial* non
sembrano stimolare ripetizione d'acquisto, segno della debolezza dei prodotti. Inoltre le vendite promosse crescono sensibilmente rendendo la marca più dipendente
da questa leva di breve.

Ma vediamo meglio attraverso l'"analisi delle torte" che si ottengono sommando
i contributi della Figura 10.7 su un anno intero e ponendoli in percentuale fatto 100
le vendite del periodo (vedi Fig. 10.8).

## 10.2  Le analisi "Due to..."

Una volta scomposte le leve è di estremo interesse analizzare i *drivers* della performance di marca. In altri termini, in quale percentuale le diverse leve hanno contribuito
alla crescita totale della marca da un periodo all'altro. A tale scopo svilupperemo
un'analisi *"due to ..."* ponendo a confronto l'anno 4 con il suo precedente. Pertanto riscriviamo i vari contributi alle vendite ricavati al paragrafo precedente, evidenziando la differenze tra l'anno 4 e il suo precedente (vedi Tabella 10.2):

**Tabella 10.2** Le vendite a volume della marca L sono state scomposte nella componente base e nei
vari contributi di marketing. Sono riportate inoltre le differenze tra l'anno 4 e l'anno 3. I dati sono
inventati ai soli fini illustrativi

|                | Anno 1 | Anno 2 | Anno 3 | Anno 4 | Delta<br>Anno 4vs 3 | %<br>incremento |
|----------------|--------|--------|--------|--------|---------------------|-----------------|
| Totale         | 18.700 | 19.300 | 20.300 | 21.550 | 1.250               | 6,2             |
| Base           | 15.860 | 15.300 | 15.550 | 13.480 | -2.070              | -10,2           |
| Promozioni     | 1.940  | 2.400  | 2.750  | 3.540  | 790                 | 3,9             |
| Nuove varianti | 0      | 320    | 500    | 2.100  | 1.600               | 7,9             |
| AdVolume       | 900    | 1.280  | 1.500  | 2.430  | 930                 | 4,6             |

Ora consideriamo l'incremento di volumi anno 4 vs. anno 3 che è appunto di 1.250 unità equivalenti pari al 6,2%. Rapportando le differenze di volume dei vari contributi alle vendite totali dell'anno 3 (20.300 unità), si ottengono delle percentuali la cui somma algebrica restituisce proprio il 6,2%, che è l'incremento anno su anno delle vendite totali. In questo modo sono stati scomposti i contributi positivi da quelli negativi che definiremo rispettivamente drivers positivi e negativi (vedi Fig. 10.9).

Per completezza, poiché avevamo inserito nel modello le azioni della *competition* possiamo ulteriormente scomporre le vendite di base quantificando l'impatto dell'aumento del divario di prezzo tra L ed il mercato, così come l'impatto del lancio della marca S (vedi Fig. 10.10) o l'impatto dell'advertising di alcuni *key competitors*. Cosa possiamo dire relativamente ad S? Modellizzando le sue vendite, anche in questo caso con un modello misto dove si considera la distribuzione come fattore moltiplicativo, vediamo una situazione completamente diversa rispetto a L, in quanto lancio qui l'advertising pesa il 20% sul totale vendite mentre la Base - che include il contributo della distribuzione, della stagionalità e del differenziale di prezzo di base con la marca L - pesa per il 42% del totale volumi.

In questo caso la pubblicità è un driver fondamentale della sua crescita rendendo efficaci anche tutte le altre leve incluse le promozioni che pesano per il 36% (vedi Fig. 10.11).

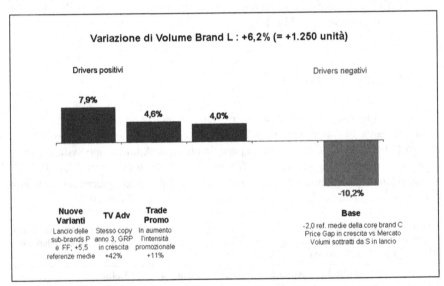

**Fig. 10.9** La figura rappresenta l'analisi "due to ..." applicata alla marca L. All'incremento dei volumi +6,2% anno 4 vs. 3, hanno contribuito le nuove sub-brands, l'advertising TV e le promozioni controbilanciato però dall'abbassamento della base dovuto alla maggiore competizione di prezzo, il lancio di S e la rinuncia a due referenze della core brand C. I dati sono inventati ai soli fini illustrativi

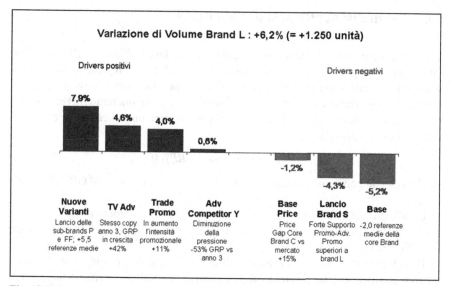

**Fig. 10.10** La scomposizione rappresenta un approfondimento della fig. 10.9, in cui la base viene ulteriormente scomposta nei contributi negativi della competizione di prezzo e del lancio della brand S e quello positivo dovuto della diminuzione della pressione del competitor Y (tutte variabili considerate nel modello). I dati sono inventati ai soli fini illustrativi

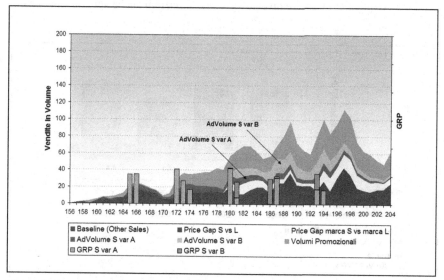

**Fig. 10.11** L'analisi econometrica applicata ad S evidenzia come l'advertising (aree evidenziate in grigio chiaro e intermedio) sia un driver fondamentale della crescita della marca, pesando il 20% del totale volumi. I dati sono inventati ai soli fini illustrativi

## 10.3 Le analisi di efficacia pubblicitaria

Una volta quantificati i volumi generati dalle singole leve l'obiettivo delle analisi di efficacia è di rappresentare gli incrementi agli sforzi di marketing che sono serviti a generarli. In particolare concentrandoci sulla leva pubblicitaria si possono rapportare i volumi incrementali generati dall'advertising, che chiameremo *AdVolume*, sui GRP media impiegati moltiplicato per 100 per ottenere un indicatore di efficacia dell'advertising dato dalla:

$$Efficacia = (AdVolume / GRP)x100 \ , \tag{4}$$

che si legge come unità equivalenti (Kg, litri, casse, ecc.) per 100 GRP di advertising.

L'indicatore di efficacia può essere così utilizzato per confrontare situazioni differenti ad esempio l'efficacia della pubblicità TV della marca L nei diversi periodi (vedi Fig.10.12).

Il problema principale del calcolo dell'efficacia così definito in (4) è che esso dipende strettamente dai volumi totali della marca in questione. Pertanto tale valore non può essere utilizzabile come *benchmark* per confrontare marche diverse. Infatti si può intuire facilmente che l'efficacia pubblicitaria per una marca A "piccola" sia in generale minore di quella di una marca B, i cui volumi sono 10 volte rispetto a quelli della marca A.

Perciò è necessario costruire un indicatore "puro" e adimensionale che chiameremo reattività per poter confrontare diverse marche o situazioni anche appartenenti a mer-

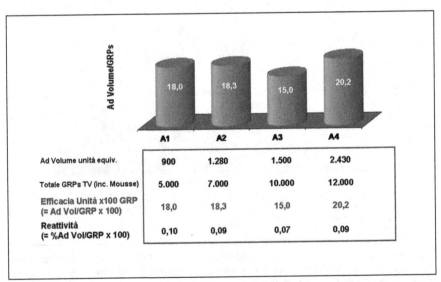

| | A1 | A2 | A3 | A4 |
|---|---|---|---|---|
| Ad Volume unità equiv. | 900 | 1.280 | 1.500 | 2.430 |
| Totale GRPs TV (inc. Mousse) | 5.000 | 7.000 | 10.000 | 12.000 |
| Efficacia Unità x100 GRP (= Ad Vol/GRP x 100) | 18,0 | 18,3 | 15,0 | 20,2 |
| Reattività (= %Ad Vol/GRP x 100) | 0,10 | 0,09 | 0,07 | 0,09 |

**Fig. 10.12** La tavola rappresenta il calcolo dell'efficacia e reattività per anno dell'advertising. I dati sono inventati ai soli fini illustrativi

cati differenti. A tale scopo si relativizza l'efficacia definita in (4) ai volumi totali della marca attraverso la formula:

$$Reattività = (AdVolume / GRP \ x100) / Tot \ Volume \ \% =$$
$$= (\% \ AdVolume) / GRP \ x100 \ \% \ , \tag{5}$$

e si legge come la % di contribuzione della pubblicità alle vendite totali per 100 GRP.

La reattività definita così offre pertanto un potente strumento di *benchmark* del l'efficacia pubblicitaria. Dall'analisi di numerosi casi reali si possono definire dei *range* in cui l'indicatore di reattività si colloca secondo il ciclo di vita della marca o di altri parametri che caratterizzano il mercato. A nostra esperienza la reattività varia nel *range* 0,10%-1,0% dove:

| **Marche in lancio** | **Marche in sviluppo** | **Marche mature/declino** |
| :---: | :---: | :---: |
| 1,0%-0,60% | 0,50%-0,30% | 0,30%-0,10% |

In qualche caso la reattività dell'advertising può superare il valore 1% ma in generale è sempre opportuno verificare che l'advertising tradizionale tabellare non agisca in sinergia con altre forme promo-comunicazionali, ad esempio sponsorizzazioni, azioni di *sampling*, azioni virali sulla rete, ecc. che potrebbero alterare il valore di reattività in modo fittizio.

Applicando la definizione (5) alla marca L abbiamo calcolato i valori di reattività riportandoli nell'ultima riga della Figura 10.12. Come si può osservare l'introduzione della nuova strategia di comunicazione che vede l'utilizzo del testimonial nel periodo A4 ha prodotto dei benefici alla marca innalzando il valore di efficacia. D'altra parte i valori di reattività inferiori a 0,10% per 100 GRP, non attestano il declino della marca L, bensì stanno a dimostrare uno *spending* in advertising particolarmente elevato segno evidente della raggiunta saturazione con il solo mezzo TV. Dei 12.000 GRP dunque una parte sarebbe stato meglio allocata su mezzi complementari affini al target o in forme alternative promo-comunicazionali.

## 10.4 Analisi sull'advertising response

Allora è naturale chiedersi quale dovrebbe essere il punto ottimale di spesa pubblicitaria. Per rispondere a questa domanda dobbiamo considerare la forma della curva di risposta con i parametri di saturazione e *half-life o decay* ricavati nell'analisi di regressione che massimizzavano il fit del modello e la significatività dei coefficienti.

Per la marca L l'*half-life* dell'*adstock* pubblicitario è di circa 4,5 settimane, il che significa che l'efficacia della pubblicità dimezza gli effetti dopo circa 4 settimane. Ne consegue che l'interonda tra due *flight* pubblicitari non dovrebbe superare il mese se si vuole sostenere efficacemente le vendite (vedi Fig. 10.13).

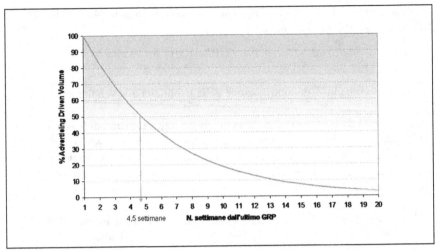

**Fig. 10.13** Il decadimento della pubblicità calcolato in modo da massimizzare il fit del modello e la significatività del coefficiente di adstock. Nel nostro caso, la marca L presenta un decadimento abbastanza accentuato 17% su base settimanale con una half-life di 4,5 settimane. Ciò significa che l'interonda dei flight televisivi non dovrebbe superare il mese. I dati sono inventati ai soli fini illustrativi

Per quanto riguarda il coefficiente di saturazione $\beta$ o di *wear out* esso vale 25% un valore elevato, che fa sì che l'*AdVolume* raggiunga la saturazione molto velocemente. Nella Figura 10.14 abbiamo calcolato, grazie alla formula (10) del Capitolo 9, la saturazione dei GRP pianificati all'interno della stessa settimana.

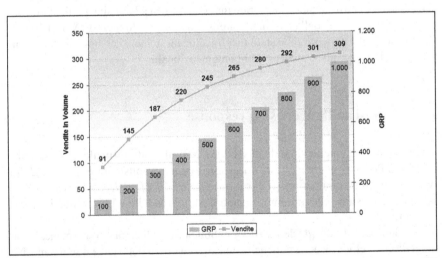

**Fig. 10.14** La saturazione delle vendite derivanti dalla pubblicità all'aumentare della pressione TV concentrata nella stessa settimana. Con un parametro di wear out pari a 25%, il contributo marginale delle vendite prodotte dalla pubblicità diminuiscono rapidamente all'aumentare della pubblicità. I dati sono inventati ai soli fini illustrativi

A questo punto grazie ai due parametri di saturazione e *half-life* possiamo simulare gli effetti di un tipico flight della marca L o di flight alternativi e rappresentarli in grafico (vedi Fig. 10.15).

Il calcolo dell'*AdVolume* su un flight tipo di L dimostra che le pressioni attuali sono in certa misura inefficienti come già avevamo osservato calcolando la reattività all'advertising. Il contenimento del livello di saturazione così elevato comporterebbe un ridisegno della pianificazione TV attuale con una riduzione della pressione media settimanale da 450 a 250 GRP in *flights* di due settimane con interonda di 3/4 settimane.

Naturalmente, nel comunicare queste deduzioni "matematiche" all'azienda è necessario prestare molta attenzione, in quanto gli obiettivi della comunicazione attuale potrebbero non esaurirsi nelle sole vendite ma servire da barriera all'ingresso a nuovi entranti o a rafforzare il nuovo posizionamento nella mente del consumatore o a motivare altri target (azionisti, fornitori, etc.). Quindi sottolineano molta prudenza: in questo caso la simulazione ha riguardato le sole vendite.

Un'ultima questione sorge a questo punto a chi deve gestire operativamente la marca. Quando pianificare la pressione: in stagionalità crescente, alta o calante?

Le osservazioni della marca L sono sufficientemente numerose e tali da coprire tutte le tre situazioni per poter analizzare gli effetti separati. I metodi a disposizione del ricercatore a sono due:

*Metodo degli adstock multipli nel modello.* Questo metodo consiste nel dividere i GRP in 3 categorie in funzione della stagionalità (crescente, alta, calante) e costruire i corrispondenti *adstocks* da inserire nel modello testandone i coefficienti (supposti naturalmente positivi). Ciò consente di valutare gli *AdVolumes* separatamente e di calcolarne l'efficacia per 100 GRP di pressione. In questo caso però è necessario costruire non tre adstock ma sei, in quanto ci sono due creatività la cui efficacia

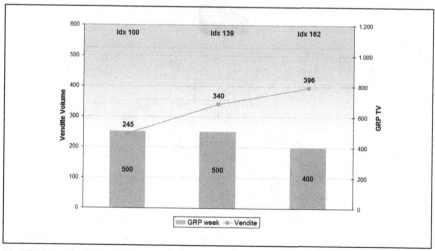

**Fig. 10.15** La simulazione dell'effetto pubblicitario di un tipico flight televisivo della marca L con i due parametri di saturazione e decay ottenuti dal modello. Si può osservare come l'incremento decresca sensibilmente all'aumentare della pressione. I dati sono inventati ai soli fini illustrativi

si sapeva essere diversa e tre situazioni stagionali. In linea teorica è ancora possibile il test dei coefficienti, ma spesso si verificano collinearità pesanti che possono distorcere la significatività dei coefficienti. Inoltre questo metodo non consente di andare oltre nell'analisi, ad esempio testando l'efficacia della lunghezza dello spot poiché gli adstock si moltiplicherebbero ulteriormente (almeno 12).

*Metodo della regressione a due livelli o gerarchico.* Il secondo metodo che proponiamo è molto più versatile e potente, potendosi applicare per la valutazione di molteplici situazioni concernenti la creatività (soggetti diversi, contesti emozionali vs razionali), il media (mezzi, veicoli, formato dello spot, soglie di GRP), le promozioni (efficacia per tipologia di promozione) o le singole settimane. Il metodo, assimilabile alle analisi *multilevel* con variabili nidificate, (vedi Fig. 10.16) prevede due livelli:

1° Livello: regressione con un *adstock* medio da cui ricavare il coefficiente medio (effetto fisso). Costruzione dell'*AdVolume* medio.

2° Livello: si assume che si sia commesso un errore nel considerare un coefficiente medio valido per tutte le situazione. Si ipotizza che l'errore sia correlato con la variabile da testare (effetto random) la stagionalità o, in altre parole che il coefficiente dell'adstock possa variare in funzione della stagionalità. Quindi si regredisce l'*AdVolume* medio rispetto ai tre (o sei nel caso di L) adstock relativi alle stagionalità. Si ottengono così dei nuovi coefficienti (nel caso della pubblicità positivi) che esprimono l'impatto della pressione nelle diverse situazioni dove rimane solo da verificare la significatività delle differenze tra i coefficienti. Qualora la differenza tra le diverse situazioni è significativa è opportuno ricostruire il modello originale inserendo *adstocks* separatati e testando nuovamente il modello. Per maggiori dettagli sul metodo dei modelli lineari gerarchici si veda, ad esempio, il testo di Ramdenbush e Bryk (2002).

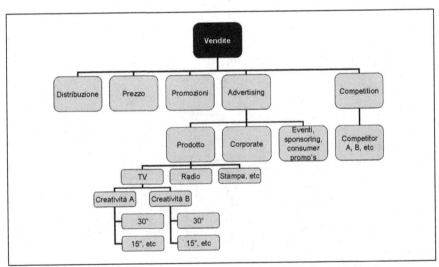

**Fig. 10.16** Il metodo della regressione gerarchico consente la valutazione di tutti gli effetti nidificati che in un modello di regressione unico risulterebbero non significativi o distorti. Ad esempio, a partire dal coefficiente medio dell'advertising è possibile stimare l'efficacia del 30" e del 15" sulla TV testandone le differenze, oppure come nel nostro esempio l'effetto della pubblicità relativamente periodo stagionale in cui è stata pianificata

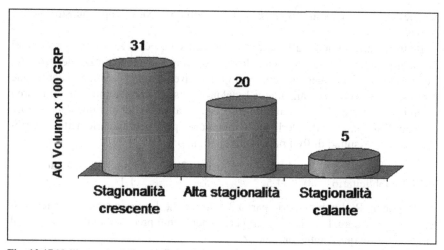

**Fig. 10.17** Nell'esempio della marca L, l'efficacia della TV è massima in stagionalità crescente, mentre in alta stagione ed in stagionalità calante l'efficacia dell'advertising è sensibilmente inferiore. I dati sono inventati ai soli fini illustrativi

Nel caso della marca L si è seguito il secondo metodo, costruendo inizialmente un modello con un *adstock* pubblicitario medio, successivamente applicando all'*AdVolume* ricavato il metodo a due livelli relativamente alle situazioni stagionali. Infine verificata la diversità delle tre situazioni si è optato di inserire nel modello tre *adstocks* distinti per ogni situazione e testare nuovamente i coefficienti del modello. Laborioso, ma molto potente.

Le analisi hanno prodotto i seguenti risultati: l'advertising pianificato in stagionalità crescente ha un'efficacia una volta e mezza superiore a quella in alta stagionalità e 6 volte rispetto alla stagionalità calante come rappresentato in Figura 10.17.

L'applicazione alla pianificazione della marca L è evidente: per essere efficaci la gran parte delle risorse pubblicitarie devono essere allocate in stagionalità crescente e alta, mentre la pianificazione in stagionalità calante periodo non è produttiva. In realtà, potrebbe valer la pena garantire un presidio minimo durante quel periodo per sostenere l'awareness riducendo così l'interonda con l'anno successivo.

## 10.5  Il ROI della pubblicità

Passiamo infine al calcolo del ROI pubblicitario, un indicatore che misura il ritorno sull'investimento e che per questo ha la massima rilevanza per l'azienda dal punto di vista finanziario. Il ROI quantifica il valore generato dall'advertising per ogni euro investito e si ottiene calcolando le vendite a valore incrementali generate dalla pubblicità ovvero l'*AdValue* rapportate agli investimenti pubblicitari netti. Tale valore dovrebbe essere costruito sul reale fatturato dell'azienda e non sul valore al consumo rilevato, in cui è incluso il *mark up* del distributore. Non sempre questo valore è noto al ricercatore.

Inoltre contrariamente all'indicatore di reattività, per il ROI non esistono dei *benchmark* precisi, in quanto il calcolo dell'*Advalue* è legato al prezzo del prodotto e questo rende disomogeneo il confronto tra le diverse marche. Volendo comunque applicare questo concetto alla marca L del nostro esempio dovremmo moltiplicare i volumi generati per il prezzo di base (precisiamo al lordo del margine del distributore) per l'*AdVolume* e dividerli per le ipotetiche spese pubblicitarie nette. Otterremo i seguenti risultati di ROI pubblicitari per anno:

|  | Anno 1 | Anno 2 | Anno 3 | Anno 4 |
|---|---|---|---|---|
| ROI Pubblicitario | 1,5 | 1,6 | 1,1 | 2,0 |

Dunque un ROI pubblicitario pari a 2 si legge che 1 euro in advertising restituisce 2 euro di valore. È sufficiente? E perché negli anni precedenti tale valore è così basso da essere quasi antieconomico?

Inoltre in genere, è naturale attendersi un valore di ROI >1 in modo da rendere economico l'investimento stesso, ma non è sempre così. Come mai?

Queste sono le domande che vi verranno poste dal management ogniqualvolta presenterete risultati di ROI. In realtà il ROI così costruito non è del tutto corretto. Esso misura il ritorno dell'advertising in cui si considera solo l'efficacia di breve che è quella incorporata dall'*adstock*. Come abbiamo già precisato nel capitolo precedente, l'adstock rappresenta l'incremento di breve e medio periodo rispetto ad una base che si suppone stabile nel tempo anche se le azioni di marketing cessassero improvvisamente. Ma cosa succederebbe se smettessimo di sostenere in advertising la marca per un anno? Rimarrebbe la base ancora uguale all'anno precedente? Molto probabilmente, no. Dunque il calcolo del ROI dovrebbe incorporare anche i volumi mantenuti dall'advertising nel lungo periodo che secondo la regressione appartengono alla base ma non sono stati quantificati esplicitamente.

## 10.6 L'efficacia dell'advertising di breve e di lungo periodo

A differenza delle promozioni in cui l'efficacia è tutta concentrata nel periodo promozionale, l'advertising agisce sia nel breve, generando nuove vendite, che nel lungo, mantenendo la base di consumo che altrimenti decadrebbe a causa delle attività ostili della concorrenza. Per misurare gli effetti di breve-medio periodo si costruisce, come abbiamo visto, un *adstock* di breve con un'*half-life* dell'ordine delle settimane mentre per misurare gli effetti di lungo si dovrebbe costruire un *adstock* di lungo periodo con una *half-life* dell'ordine dei semestri o degli anni.

D'altra parte, le tecniche econometriche fin qui esposte sono in grado di riconoscere sì le variazioni legate all'*adstock* di breve periodo ma mostrano i loro limiti nel valutare anche le variazioni di lungo periodo. Per cercare di superare questo ostacolo, alcuni ricercatori hanno messo a punto in anni recenti tecniche *ad hoc* per valutare questi effetti di lungo, proponendo di inserire nel modello appunto sia degli *adstocks* di breve che di lungo con *half-life* variabili a partire da un anno. Però gli esiti non sempre sono così e la significatività di tutti gli adstock non è sempre garantita. Ciò non toglie di testare comunque il modello con un doppio adstock e decidere una volta visti i risultati finali.

Un'alternativa indiretta alla valutazione degli effetti della pubblicità di lungo periodo è rappresentata dalla valutazione delle altre marche dello stesso mercato che per un qualunque motivo smettono di comunicare per un periodo sufficientemente lungo. Di esse si valuta il calo percentuale delle vendite dopo averle destagionalizzate e al netto di promozioni distribuzione. Questa percentuale mediata su più marche rappresenta una prima approssimazione del decadimento della base in assenza di pubblicità da applicare alla nostra marca. L'effetto totale della pubblicità diventa pertanto la somma del contributo degli *adstock* di breve e della percentuale di base mantenuta dall'advertising e che altrimenti in sua assenza sarebbe decaduta. È questo effetto che dovrebbe essere incorporato dal Roi pubblicitario che, secondo diversi studi per le marche mature è da 1,6 fino a 3 volte superiore del valore di breve dell'adv con effetti decrescenti distribuiti in 3 anni (vedi Ladish e Mela, 2007 e le referenze contenute nell'articolo).

Però non sempre il mercato a cui appartiene la marca in analisi annovera una casistica sufficiente di marche assenti dalla comunicazione per periodi così lunghi. In questo caso si può ancora procedere in via diretta dividendo l'analisi di regressione su più periodi di uno o due anni ciascuno e valutando:
– le variazioni della base (dette anche *baseline-shift*);
– l'efficacia e la reattività all'advertising;
– il ROI pubblicitario di breve;
– l'elasticità delle altre variabili di marketing in particolare distribuzione, prezzo e promozioni.

Se l'advertising ha un efficacia nel lungo periodo si può osservare, ponendo a confronto le varie analisi econometriche, un innalzamento della base accompagnato da un miglioramento della produttività dell'advertising, un aumento dell'elasticità alle promozioni e una diminuzione dell'elasticità al prezzo di base. Perciò l'innalzamento della base al netto degli altri fattori può essere considerato come l'effetto pubblicitario e utilizzato per il calcolo del ROI effettivo. Processi in questo campo includono i modelli autoregressivi AR, i modelli dinamici lineari e i modelli Bayesiani (per maggori dettagli vedi Ataman, Van Heerde e Mela, 2006).

È comunque fondamentale ricordare come è stato provato da Jones che non esistono effetti dell'advertising di lungo periodo senza registrare una risposta nel breve che può e deve essere misurato con le tecniche econometriche fin qui esposte.

## 10.7 Considerazioni conclusive relative alla marca L

Riprendiamo il caso della marca L per tentare, sempre ai nostri fini illustrativi, una sintesi con un linguaggio manageriale di ciò che è successo e quali azioni intraprendere in futuro, senza fornire ulteriori numeri trattandosi di un esempio.

Dunque, in uno scenario di mercato in evoluzione dove l'ingresso nuovi players (marca S) e la crescita delle private labels ha alterato degli equilibri consolidati è necessario un cambiamento della strategia di marketing da parte della marca L, che passa attraverso le leve di: prezzo, promozioni, referenze e media.

*Prezzo e Promozioni:* La crescita del divario di prezzo tra L e il mercato provoca l'aumento dell'erosione dei volumi da parte della concorrenza. Come risposta la marca L senza più aumentare il prezzo di base deve intensificare la pressione promozionale nel punto vendita, mantenendo lo stesso taglio prezzo ed aumentando la copertura distributiva della promozione.

*Referenze:* Poiché il lancio della sub-brand P dopo un primo *trial* non è riuscito a generare *repeat purchase*, anche a fronte di massicci investimenti promo-pubblicitari, è fondamentale tornare a rafforzare il *core business* C disinvestendo su P e ripristinando il precedente numero di referenze su C.

*Media:* Poiché esiste una reattività osservabile già a basse pressioni pubblicitarie, il planning attuale con budget elevati e alti *strike rates* (cioè pressioni medie per settimana) in TV tende a deprimere il ROI pubblicitario senza apportare contributi significativi alle vendite. È necessario dunque ridurre la pressione settimanale TV da 450 GRP a 250 GRP per settimana con *flight* di 2 settimane ed un periodo di interonda tra due *flight* di 4/5 settimane, per un massimo di 8 *flight* all'anno. Il rimanente budget dovrà essere impiegato a supportare forme di comunicazione innovative e mezzi complementari affini al target.

Il *media planning* dovrebbe tenere in considerazione la stagionalità delle vendite. Per questo è necessario pianificare i GRP considerando sia l'efficacia dell'advertising in stagionalità crescente ed alta che l'efficienza dei costi media nei periodi *on air* della campagna. La pianificazione in stagionalità calante ha il solo obiettivo di sostenere l'awareness fino alla prossima partenza della pubblicità nell'anno successivo. Le risorse dunque dovranno essere allineate a questo obiettivo.

## 10.8 Proiezione degli scenari "what if..."

Dopo aver utilizzato il modello a fini esplicativi, il modello può essere utilizzato anche per proiettare e simulare varie alternative di "ragionevoli" marketing mix ad esempio:

1. Che cosa succede se si riduce la pubblicità per spingere la leva promozioni?
2. Quale strategia di promozioni ottimale: ulteriore taglio del prezzo (dal 20% a 30%), oppure a parità di sconto (per es. 20%) coprire con la promozione più punti vendita?
3. Quale tattica promozionale, solo taglio prezzo, display, special pack?
4. Viceversa il livello di *spending* è ottimale, fino a quanto incrementarlo e come allocarlo?
5. Cosa succede introducendo una nuova referenza?
6. Quale dei due scenari di marketing produce maggiori volumi e valore?

Disponendo dei coefficienti delle leve, si possono simulare più scenari su un foglio di calcolo confrontando così le vendite prodotte dalle varie alternative.

Il limite a questo tipo di ragionamento sta nell'orizzonte temporale della proiezione, nel senso che tanto più si proietta in là nel tempo le ipotesi tanto più si incorre nell'errore di previsione legato all'incertezza del futuro.

Infatti in un contesto di mercato dinamico, possono accadere eventi imprevisti come il lancio di un prodotto innovativo che altera gli equilibri di mercato e il cui impatto sulla marca è ignoto a tutti.

Per questo motivo è consigliabile fornire previsioni con un orizzonte temporale di massimo tre mesi dall'ultimo dato disponibile, mentre la simulazione delle alternative di scenari può svolgersi nell'arco dell'anno intero.

Siccome la linea di demarcazione tra previsione e simulazione è sempre piuttosto sottile, nel caso della simulazione è preferibile fornire la differenza di volumi generati nel confronto delle alternative anziché i numeri assoluti di volumi. Questi possono essere monitorati ad ogni trimestre e confrontati con la previsione di breve per verificare la bontà del modello e nel rivederlo qualora intervengano fattori esterni o non colga appieno le dinamiche sottese.

## 10.9  Conclusioni

Prima di concludere questa appendice vorremmo dare qualche suggerimento su come presentare un lavoro di analisi econometrica marketing mix. Anche se ben svolto e i risultati sono robusti, esso si rivolge però ad un management di azienda, per definizione un'audience eterogenea che comprende le funzioni di marketing, media, commerciale, ricerche, finanza e talvolta la direzione generale, ognuno con le sue logiche e angolazioni diverse nel vedere la marca. È importante pertanto percorrere alcuni dei passaggi che sono stati illustrati nei paragrafi precedenti:

1. Presentazione della *situation analysis*: in cui il ricercatore dimostra di aver capito le dinamiche sottostanti le performance della marca.
2. Spiegazione del modello: che cos'è, come funziona, il tipo di dati che lo alimentano e (in modo semplificato) la trasformazione delle variabili, evidenziandone i benefici, le dinamiche che può cogliere e il tipo di risposte che può fornire. Ciò perché non tutti sono a conoscenza di che cosa sia un modello marketing mix ed è bene non lasciare dei dubbi prima di presentare i risultati. Nel fornire tutte le spiegazioni il professionista deve argomentare i motivi per cui, eventualmente, non riesce a rispondere a tutte le richieste di ricerca poste dall'azienda, prospettando comunque una interpretazione sulla base dell'attuale modellizzazione. Al posto di equazioni è meglio presentare una tavola in cui si dichiarano le variabili inserite nel modello e le loro interazioni, il che aiuta il management a comprendere i risultati.
3. Presentazione dei risultati: questa fase si compone di alcune tavole chiave:
   a. La scomposizione delle vendite a livello settimanale e totale periodo, evidenziando il peso delle vendite di base e quello delle vendite incrementali.

  b. La valutazione dei contributi alla crescita di marca mediante 'analisi "due to…".

  c. L'analisi di efficacia, reattività ed eventualmente il calcolo dei ROI, specificando sempre se è di breve o include anche il lungo periodo.

  d. Conclusioni ed azioni da intraprendere per ognuna delle leve analizzate, così come mostrato nel paragrafo 10.7. Nel fase di presentazione, l'accoglimento delle obiezioni e la discussione di interpretazioni da parte del management che gestisce quotidianamente la marca è un momento fondamentale del processo di metabolizzazione del modello e del lavoro di *fine tuning* del modello da parte del ricercatore.

4. Presentazione delle simulazioni. Prima di procedere ad illustrare le valutazioni quantitative è molto importante riprendere tutte le ipotesi di marketing e le azioni che l'azienda intraprenderà il trimestre o l'anno successivo. Il ricercatore dovrebbe dichiarare anche tutte le valutazioni fatte relative all'andamento del mercato e la possibile risposta della concorrenza assegnando possibilmente un livello di probabilità agli scenari da condividere comunque con il management. Segue la presentazione vera e propria dei numeri di business previsti supportati da tavole grafiche in cui sono scomposti i singoli contributi alla crescita delle varie ipotesi.

Infine alcune considerazioni circa le correlazioni, le analisi di regressione e la loro applicazione al marketing mix. Innanzitutto correlazione non significa necessariamente causalità. A parte esempi ovvi di correlazione non causale (ovvero di eventi correlati matematicamente ma logicamente indipendenti l'uno dall'altro) vi sono effetti spuri che ricorrono frequentemente nel marketing. Ad esempio quando si cerca di correlare le azioni di marketing all'*awareness* o all'immagine di marca. Si consideri il lancio di una marca sostenuto pubblicitariamente. In questo caso le correlazioni tra i fattori pubblicità e distribuzione e gli effetti *brand awareness* e vendite sono molteplici e a due vie. In questi casi, si osserva un aumento della distribuzione, della pubblicità, della brand awareness e delle vendite. Non è semplice dunque affermare che un incremento di brand awareness provoca un aumento delle vendite in quanto in parte vale anche il viceversa l'aumento delle vendite provoca un aumento dei trattanti e a sua volta dell'awareness. Ancora, la pubblicità può favorire un'espansione dei punti vendita trattanti la marca ed un miglior posizionamento a scaffale, provocando un aumento delle vendite. Questi effetti devono essere considerati prima di proiettare le vendite o la brand awareness. Ne consegue che la proiezione dell'awareness funzione dei soli GRP può essere metodologicamente e numericamente non corretta. Per le stesse ragioni, risulta non corretta, la proiezione delle vendite di base o della quota di mercato utilizzando come unico predittore la brand awareness.

    Ancora più critico è il caso della correlazione tra un'associazione di immagine alla marca e le vendite o la quota che, se non compresa in quale direzione si verifica può portare a formulare strategie di comunicazione errate. Ad esempio l'incremento della percezione rinfrescante da parte di una marca di bevande può essere sì il risultato della pubblicità ma anche dell'esperienza di consumo ripetuto. A sua volta l'aumento del consumo può essere determinato dalla stagione particolarmente calda o da un incremento delle promozioni o da altre associazioni mentali nascoste che hanno stimolato il consumo. Perciò, formulare una strategia di comunicazione basate sulla sola associazione rinfrescante potrebbe risultare non differenziante per il consumatore e di certo portare a risultati diversi da quelli attesi.

Si possono menzionare anche altri casi di effetti multipli o nascosti all'interno tra le leve di marketing ad esempio tra prezzo, distribuzione e vendite. Un aumento di prezzo da parte della stessa azienda di bevande si legge semplicemente in una diminuzione delle vendite. Ma essa può essere la risultante di due effetti non sempre così noti all'azienda: un impatto negativo sui consumatori finali che determina in una diminuzione dei consumi della marca e un impatto negativo sulla distribuzione nel canale bar che vede una compressione dei margini ed determina una diminuzione dei punti trattanti, il che riduce le opportunità di contatto con la brand ed instaura un circolo vizioso tra prezzo, distribuzione, *brand awareness* e consumi. Sarà compito del ricercatore separare l'elasticità al prezzo sia sul consumatore che sulla distribuzione.

In questi casi la valutazione degli effetti causali a più vie riferiti agli esempi precedenti potrebbe richiedere tecniche di regressione evolute quali il *modeling* strutturale. Dati i limiti di spazio non è possibile affrontare questi aspetti complessi. Possiamo affermare comunque che la sensibilità del ricercatore aiuta la mente a vedere questi effetti prima dell'applicazione della tecnica statistica.

Infine consigliamo di non tentare di ottenere tutto già nella prima analisi, è quasi impossibile. Saranno necessari un paio di aggiornamenti per arrivare alla conoscenza approfondita della marca e delle sue dinamiche. Come si sarà capito non esiste una ricetta unica da applicare a tutte le situazioni, ma un metodo, quello delineato, e molto ragionamento sulla specifica marca. È importante anche collezionare dei *benchmarks* derivanti dalle varie analisi che serviranno al ricercatore a confrontare le *performance*.

Questo fa sì che il modeling econometrico sia oltre che una tecnica esatta anche un'arte che fa del perseguimento dell'*insight* profondo il suo obiettivo principale soprattutto se ottenuto con semplicità di ragionamento ed argomentazione, il che porterà più facilmente il cliente ad utilizzare il modello in fase strategica.

Ne consegue che la componente tecnico-scientifica è imprescindibile ma non ancora sufficiente. L'esperienza dell'analista unite ad approfondite competenze di marketing e di comunicazione ed una certa conoscenza delle logiche di *trade marketing* sono altrettanto fondamentali. Essa guida la costruzione del modello, la scelta delle variabili da testare, la costruzione delle interazioni tra le variabili, l'interpretazione dei risultati del modello, la validità del modello nel produrre previsioni sensate ed economicamente corrette. Tutto ciò difficilmente un libro sarà in grado di trasmettere, ma lo si acquisisce solo lavorando su casi reali, con obiettivi di ricerca precisi e la discussione approfondita con l'azienda che dovrà interiorizzare il modello e usarlo per decisioni cruciali.

Inoltre la tenacia dell'analista, unite alla sua obiettività e la passione nell'aiutare l'azienda a comprendere le dinamiche della loro marca faranno la differenza rispetto ad approcci puramente accademici o all'opposto ad approcci superficiali *show business* e pongono le basi per una relazione duratura che consentono alla marca di guadagnare anno dopo anno quota e valore.

# Capitolo 11

# Stima dell'attività e della connettività corticale

Come già detto nel corpo del libro, al giorno d'oggi sono disponibili differenti tecniche di visualizzazione non invasive dell'attività cerebrale nell'uomo, che sfruttano le informazioni provviste dall'aumento di consumo di glucosio (Tomografia ad Emissione di Positroni, PET) dei neuroni durante il loro funzionamento, oppure la risposta emodinamica cerebrale conseguente all'aumento di attività di una particolare popolazione neuronale (Risonanza Magnetica Funzionale, fMRI). L'attività cerebrale genera anche un campo elettromagnetico variabile nel tempo, che può essere rilevato tramite una rete di sensori elettrici (Elettroencefalogramma, EEG) o magnetici (Magnetoencefalogramma, MEG) in maniera non invasiva. Proprio le caratteristiche di variabilità temporale sono particolarmente attraenti nell'uso delle tecniche EEG o MEG rispetto alla fMRI o alla PET, in quanto queste ultime presentano una risoluzione temporale sulla scala di diversi secondi, o minuti, del tutto insufficente a seguire l'evoluzione dell'attività cerebrale che invece si modifica in scale temporali dell'ordine delle decine di millisecondi. Infatti, la magnetoencefalografia (magnetoencephalography; MEG) offre il vantaggio di una risoluzione temporale assai elevata (fino a decimi di millisecondo) e ha una buona risoluzione spaziale (2-3 cm). L'elettroncefalografia (EEG) ha una analoga risoluzione temporale, dell'ordine dei millisecondi, ma ha una risoluzione spaziale assai bassa (6-9 cm), la quale non si presta per lo studio dell'attività di massa di aree corticali relativamente ristrette (Nunez, 1995; Babiloni et al., 2004). È importante rilevare che la MEG e l'EEG sono tecniche complementari poiché la MEG è sensibile alle sorgenti corticali poste entro i solchi della corteccia cerebrale (disposizione tangenziale ai sensori) e l'EEG è sensibile sia alle sorgenti nei solchi che nell'aspetto dorsolaterale (disposizione radiale ai sensori) della corteccia cerebrale. Questo svantaggio è stato per gran parte superato con le moderne tecnologie di EEG ad alta risoluzione (HREEG, risoluzione spaziale 2-3 cm invece dei 6-9 cm dell'EEG convenzionale). Con l'uso di tali tecnologie è stato recentemente possibile accertare il coinvolgimento di circoscritte aree corticali dei due emisferi correlate ad eventi sensitivi e motori (Gevins et al., 1989; Nunez 1995; Babiloni et al., 1995, 1996, 1997; Urbano et al., 1998) come anche alla

F. Babiloni, V.M. Meroni, R. Soranzo, *Neuroeconomia, Neuromarketing e Processi decisionali*
© Springer, Milano, 2007

comparazione di stimoli visivi presentati ad intervalli di un secondo circa (Gevins et al., 1989).

In questa appendice sono presentati in successione i formalismi matematici che consentono di stimare l'attività corticale nelle diverse regioni di interesse mediante le registrazioni elettroencefalografiche, nonché i flussi di informazione fra le diverse aree cerebrali mediante l'applicazione delle tecniche di causalità di Granger nel dominio della frequenza. Queste ultime tecniche consentono di valutare le connessioni funzionali fra le differenti aree cerebrali durante l'esecuzione di particolari compiti cognitivi o motori nell'uomo.

## 11.1  Il modello di sorgente ed il modello di testa

Assumiamo di avere una registrazione elettroencefalografica eseguita con un set di $m$ elettrodi disposti sulla superficie dello scalpo. Ad ogni istante $t_i$, esiste allora un vettore di $m$ misure della distribuzione del potenziale sullo scalpo che verrà tipicamente indicato nel seguito come il vettore $b$. Per eseguire la stima dell'attività corticale è necessario disporre anche di un modello per la propagazione del potenziale dalla sorgente neuronale verso i sensori. Questo modello di testa può essere semplificato, adottando una struttura facilmente descrivibile matematicamente, quale una sfera o un ellissoide, oppure può essere invece realistico, cioè il più possibile vicino alla superficie effettiva della testa del soggetto. In tal caso è necessario disporre di una sequenza di immagini di risonanza magnetica della testa del soggetto da cui ricavare il modello geometrico di superfice mediante degli algoritmi opportuni di estrazione dei contorni (Babiloni et al., 2000).

La Figura 1.11 illustra un possibile modello realistico di testa, impiegato per la stima dell'attività corticale da una particolare registrazione EEG. È necessario anche disporre di un modello di attività neuronale, che sia descrivibile matematicamente in maniera compatta. Nell'analisi dei dati EEG e MEG, il modello di sorgente più usato è il dipolo equivalente di corrente. Questo modello è impiegato dato che approssima molto bene l'attività di piccoli brani di tessuto neuronale della corteccia cerebrale. In questo particolare contesto, vengono impiegati migliaia di dipoli equivalenti di corrente disposti lungo tutta la superficie corticale. Tali dipoli vengono disposti con un orientamento fissato, lungo la perpendicolare al triangolo che modella un particolare pezzo di corteccia.

Ogni dipolo piazzato all'interno del modello di volume conduttore ha una intensità unitaria ed una direzione dipendente dalla geometria delle circonvoluzioni cerebrali. Non c'è una pratica limitazione al numero delle sorgenti che possono essere piazzate a modellamento della corteccia cerebrale, se non quelle relative alla memoria dei computer che devono eseguire i calcoli. Nel seguito, verrà indicato con $n$ il numero di dipoli le cui intensità devono essere stimate dal vettore delle misure $b$. Tipici valori per $n$ sono fra 1000 e 7000, mentre i valori per $m$ hanno un range fra 32 e 128 (dove $m$ è il numero degli elettrodi impiegati per la registrazione EEG). Nel seguito $x$ indicherà il vettore n-dimensionale dell'intensità di corrente per i dipoli.

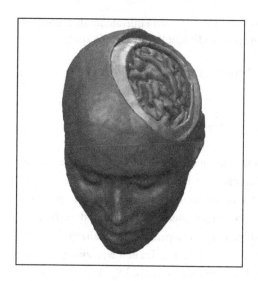

**Fig. 11.1** Modello realistico della testa impiegato per la localizzazione dell'attività corticale. Si notino i tre strati frapposti fra la corteccia cerebrale e la rete di sensori (elettrodi) posti sullo scalpo. La superfice corticale è tassellata da migliaia di triangoli. Al centro di ogni triangolo è posto un dipolo equivalente di corrente di intensità unitaria, con una direzione perpendicolare al piano del triangolo, che approssima l'orientazione normale dei neuroni piramidali

Nel paragrafo successivo vengono mostrate le equazioni che computano il potenziale dovuto ad un dipolo di corrente posto all'interno di un modello di testa su di un particolare punto della superficie dello scalpo. Queste equazioni descrivono e risolvono il cosiddetto problema diretto, cioè il calcolo della distribuzione di potenziale o di campo magnetico sui sensori dovuta ad un dipolo equivalente di corrente. In seguito verrà indicata con $Ai$ la distribuzione di potenziale sopra gli m sensori dovuta al dipolo equivalente unitario. La collezione di tutti gli m dimensionali vettori Ai ($i = 1, \ldots, n$) viene detta matrice di lead field, ed avrà un ruolo nella stima della attività corticale dei soggetti a partire dalle registrazioni elettroencefalografiche, come descritto nel paragrafo successivo.

## 11.2 Il problema diretto e la matrice di lead field

Nella stima dell'attività neuronale dalle misure EEG dobbiamo impiegare un modello per la descrizione della propagazione del potenziale da ogni sorgente alla posizione dei sensori posizionati sul modello di testa. In altre parole, dobbiamo computare la distribuzione di potenziale occorrente su un set di m sensori sul modello di testa dovuta all'i-esimo dipolo con intensità unitaria piazzato sull'i-esimo triangolo che modellizza una area ristretta della corteccia cerebrale. Il calcolo del potenziale su tali sensori può essere fatto con l'ausilio delle tecniche di discretizzazione delle equazioni di Maxwell note come tecniche di boundary element.

Sia dato un modello di testa costituito da un insieme di tre compartimenti elettricamente omogenei e isotropi, simulanti le strutture di scalpo, cranio e dura madre. La soluzione del problema diretto che specifica la distribuzione di potenziale (V) su questi compartimenti $S_k$ (k = 1,...3) dovuta ad un dipolo equivalente di corrente è data dalla soluzione dell'equazione integrale di Fredholm di seconda specie.

$$(\sigma_i^- + \sigma_i^+)V(\vec{r}) = 2V_0(\vec{r}) + \frac{1}{2\pi}\sum_{j=1}^{m}(\sigma_j^- - \sigma_j^+)\int_{S_j} V(\vec{r}')d\Omega_{\vec{r}}(\vec{r}') \tag{1}$$

con

$$d\Omega_{\vec{r}}(\vec{r}') = \frac{\vec{r}'-\vec{r}}{|\vec{r}'-\vec{r}|^3}d\vec{S}_j(\vec{r}') \tag{2}$$

dove (i) $V_0(\vec{r})$ è il potenziale dovuta a un dipolo localizzato in un mezzo infinito omogeneo; (ii) $\sigma_j^-$ è la conducibilità elettrica all'interno della superficie $S_j$ del modello a multicompartimento; (iii) $\sigma_j^+$ è la conducibilità all'esterno della superficie $S_j$; (iv) m è il numero totale di compartimenti all'interno del modello di testa; e (v) $d\Omega_{\vec{r}}(\vec{r}')$ è l'angolo solido sotteso dall'elemento di superficie dS localizzato dal vettore $\vec{r}'$ (punto di osservazione $\vec{r}$). Una soluzione numerica dell'equazione integrale di Fredholm può essere ottenuta decomponendo le superfici $S_k$ (k = 1,...3) in un migliaio di pannelli triangolari ed impiegando la tecnica a boundary element techniques. Con tale tecnica la versione discreta delle equazioni integrali di Fredholm è data da

$$\mathbf{v} = \mathbf{g} + \Omega\,\mathbf{v} \tag{3}$$

dove gli elementi della matrice $\Omega$, il vettore $\mathbf{v}$, ed il vettore $\mathbf{g}$ sono definiti come segue: (i) $v_i$ è il valore di potenziale del centro di massa dell'i-esimo triangolo; (ii) $g_i$ è il potenziale generato da una sorgente nel centro di massa dell'i-esimo triangolo; e (iii) $W_{ij}$ è l'elemento della matrice proporzionale all'angolo solido sotteso dal j-esimo triangolo al centro di massa dell'i-esimo triangolo. La soluzione numerica all'equazione integrale di Fredholm può essere migliorata usando la correzione proposta da Hämäläinen e Ilmoniemi (1984). Il sistema lineare descritto dall'equazione 11.3 è singolare visto che la distribuzione di potenziale generato sul compartimento dello scalpo è determinato a meno di una costante. Questa singolarità può essere rimossa impiegando una procedura detta di deflazione.

## 11.3  Stima delle sorgenti corticali mediante soluzione del problema lineare inverso

Il paragrafo precedente ha descritto come possa essere possibile stimare la distribuzione di potenziale sugli elettrodi generata da un dipolo equivalente di corrente posto all'interno del modello stesso (detto anche problema diretto). Ora in questo paragrafo ci si propone di illustrare la tecnica con cui è possibile stimare l'attività corticale a partire dalle misure EEG di superfice, registrate dagli elettrodi posti sullo scalpo (problema inverso).

Come accennato prima, quando l'attività corticale è limitata a poche sorgenti attive (come ad esempio nel caso del processamento iniziale delle afferente sensoriali da parte delle aree corticali sensitive primarie), la posizione e l'intensità di queste sorgenti può essere efficacemente stimata mediante le tecniche di localizzazione dipolare (Scherg et al., 1999; Salmelin et al., 1995). D'altra parte, quando l'attività cerebrale è invece distribuita in maniera estesa sulla superficie corticale (come durante compiti di memoria di lavoro o cognitivi) l'intensità di questa può essere stimata con le tecniche di stima delle sorgenti distribuite, conosciute anche come tecniche di soluzione del problema lineare inverso (Grave de Peralta et al., 1997; Pascual-Marqui, 1995; Dale e Sereno, 1993). In questa classe di metodologie di analisi, vengono tipicamente impiegati migliaia di dipoli equivalenti di corrente distribuiti su di un modello realistico di corteccia cerebrale. Ognuno di tali dipoli viene disposto in maniera perpendicolare ad un particolare tassello in cui la superficie corticale modellata viene divisa. In tal modo viene modellizzato l'arrivo sulla superficie corticale dei neuroni corticali, che si dispongono in perpendicolare alla superficie stessa. Ogni dipolo modellizza un "patch" corticale di alcuni mm quadrati, ed una tipica copertura della superficie corticale realistica viene eseguita con 5,000 tasselli della superficie corticale. Ad ognuno dei dipoli disposti perpendicolarmente al tassello corticale viene inizialmente attribuito un valore di intensità unitario. Lo scopo della metodologia di stima che si va allora ad illustrare sarà quello di attribuire un valore di intensità di corrente ad ognuno dei dipoli equivalenti di corrente con cui verrà modellata l'attività corticale. Questo viene fatto in maniera tale da minimizzare la differenza fra la distribuzione di potenziale registrata sullo scalpo e quella predetta dal modello, grazie alla propagazione del potenziale dalla corteccia cerebrale allo scalpo. Tale differenza fra attività predetta e attività stimata verrà quindi minimizzata, sotto opportuni criteri che garantiranno la unicità della soluzione. Infatti, mentre in generale il numero di misure EEG di cui si può disporre in generale varia da 32 a 128, il numero di sorgenti corticali in questo tipo di modellizzazione è sempre superiore al migliaio, quindi si ottiene un problema la cui soluzione non è unica a meno di non introdurre vincoli aggiuntivi, come quello per esempio della determinazione della minima energia della soluzione stessa. In termini più precisi, se il rumore di misura viene espresso con il vettore $\mathbf{n}$, supposto essere a distribuzione gaussiana, si può ottenere una stima della distribuzione della intensità dei dipoli equivalenti di corrente (descritta dal vettore $\mathbf{x}$) che genera sullo scalpo modellizzato una distribuzione di potenziale ($\mathbf{Ax}$) simile a quella registrata (descritta dal vettore $\mathbf{b}$) risolvendo il seguente sistema lineare:

$$\mathbf{Ax} + \mathbf{n} = \mathbf{b} \qquad (4)$$

dove $\mathbf{A}$ è una matrice $mn$ con il numero di righe pari al numero dei sensori e con il numero di colonne pari al numero delle sorgenti corticali modellate e di cui si vuole stimare l'intensità dei momenti. Con $\mathbf{A}j$ si indica la distribuzione di potenziale sopra gli m sensori posti sullo scalpo dovuta al solo dipolo j-esimo, con intensità del suo momento di dipolo unitaria. La collezione di tutti questi vettori m-dimensionali $\mathbf{A}_{0j}$, $(j = 1,\ldots, n)$ descrive come ogni dipolo genera una distribuzione di potenziale sopra il modello di scalpo, e questa collezione di distribuzioni di potenziale è chiamata matrice di lead field. Il sistema (4) è fortemente sottodeterminato, il che vuol dire che il numero delle incognite del vettore intensità di corrente $\mathbf{x}$ è molto minore di quello delle misure **b** di circa un ordine di grandezza. Dalla teoria dell'algebra lineare si ricavano quindi infinite configurazioni delle intensità di corrente per il vettore **x** che producono lo stesso vettore delle misure **b**. Inoltre, il sistema lineare è anche mal condizionato, come risulta dal fatto che alcune colonne della matrice di lead field **A** sono sostanzialmente simili, in quanto descrivono le distribuzioni di potenziale sulla superficie dello scalpo dovute a dipoli che possono essere anche molto vicini fra loro, a causa della finezza della tessellazione dello scalpo. Per questo motivo la soluzione del sistema lineare sopra descritto deve essere trovata mediante tecniche di regolarizzazione. Tali tecniche tendono ad attenuare i modi oscillatori generati dagli autovettori che sono associati con i più piccoli valori singolari della matrice di lead field **A**. Nel seguito verrà detto con il termine "spazio dei dati" lo spazio vettoriale nel quale verrà misurata la differenza fra il vettore delle misure **b** ed il vettore della distribuzione di potenziale generata **Ax**. Prima di procedere con la derivazione di una possibile soluzione per il sistema di equazioni descritto in precedenza, vengono richiamate alcune semplici definizioni dell'algebra di una qualche utilità nel seguito. In uno spazio vettoriale munito della definizione di un prodotto interno $(\cdot,\cdot)$, è possibile associare un valore o modulo ad un vettore di tale spazio, impiegando la notazione $(\mathbf{b},\mathbf{b}) = \|\mathbf{b}\|$. La nozione di lunghezza di un vettore può essere generalizzata in uno spazio vettoriale rimuovendo la richiesta di ortogonalità dei versori di tale spazio. Quindi, ogni matrice **M**, simmetrica e definita positiva induce una metrica sullo spazio vettoriale che stiamo considerando, ed il modulo al quadrato di un generico vettore **b** in tale spazio è descritto allora dalla equazione seguente

$$\|\mathbf{b}\|_{M}^{2} = \mathbf{b}^{T}\mathbf{M}\mathbf{b} \tag{5}$$

Con queste considerazioni fatte, ora ci rivolgiamo al problema di ottenere una soluzione generale al problema lineare inverso, trovando un opportuno vettore **x** di intensità dei momenti del dipolo che possa rendere molto simile il campo simulato da quello osservato sugli elettrodi. Si ammette per generalità di poter operare con due differenti metriche nello spazio dei dati e delle sorgenti, descritte rispettivamente dalle matrici definite positive **M** ed **N**. Come già accennato, esistono infinite soluzioni al problema di trovare una soluzione all'eq. (4), a causa del maggior numero di incognite rispetto a quello delle osservazioni. Comunque, è possibile cercare un particolare vettore soluzione $\xi$ che possieda le seguenti proprietà: 1) generi la minima differenza fra la distribuzione del potenziale sullo scalpo generata dalle attività corticali stimate e quella effettivamente registrata sperimentalmente, valutata tramite la norma **M**; 2) abbia un valore di energia globale delle sorgenti minima valutata nello spazio delle sorgenti mediante la norma **N**. Per inserire queste proprietà nella soluzione finale occorre risolvere il problema lineare posto in precedenza mediante i moltiplicatori di Lagrange $\lambda$ e minimizzare il seguente funzionale che esprime le proprietà cercate per le sorgenti incognite **x** (Tichonov e Arsenin, 1977):

$$\Phi = \left(\|\mathbf{A}\mathbf{x} - \mathbf{b}\|_{M}^{2} + \lambda^{2}\|\mathbf{x}\|_{N}^{2}\right) \tag{6}$$

La soluzione del problema variazionale dipende dalla particolarizzazione delle metriche nello spazio dei dati e di sorgente. Sotto l'ipotesi che sia le matrici **M** ed **N** siano positive definite, la soluzione dell'eq. 6 è data prendendo la derivata del funzionale $\Phi$ ed uguagliandola a zero. Dopo alcune dirette manipolazioni si ottiene la soluzione nella forma

$$\xi = \mathbf{Gb}, \quad \mathbf{G} = \mathbf{N}^{-1}\mathbf{A}'(\mathbf{A}\mathbf{N}^{-1}\mathbf{A}' + \lambda\mathbf{M}^{-1})^{-1} \tag{7}$$

dove $\mathbf{G}$ è chiamata la matrice pseudoinversa, o più precisamente operatore inverso, che mappa i dati misurati $\mathbf{b}$ sullo spazio delle intensità delle sorgenti corticali, $\xi$. Si noti che la richiesta per le matrici $\mathbf{M}$ ed $\mathbf{N}$, che esprimono la norma nello spazio dei dati e delle sorgenti di essere definite positive deriva dalla necessità di considerare le loro inverse. L'ultima equazione descrive la dipendenza dell'operatore lineare inverso $\mathbf{G}$ dalle norme dello spazio dei dati e delle sorgenti. La matrice di metrica $\mathbf{M}$, descrive l'idea di vicinanza nello spazio dei dati, e può essere particolarizzata al nostro caso prendendo in esame il livello di rumore presente sui sensori (elettrici o magnetici) per mezzo della distanza di Mahalanobis (Grave de Peralta et al., 1997). Se nessuna informazione a priori è disponibile per la soluzione del problema inverso, le matrici $\mathbf{M}$ ed $\mathbf{N}$ possono essere poste pari all'identità, e la stima delle sorgenti corticali è detta a minima norma (Hämäläinen e Ilmoniemi,1984). Va osservato come in tutte le applicazioni di interesse, a causa del decadimento dell'intensità del potenziale con il quadrato della distanza, si abbia un minor contributo delle sorgenti corticali poste a più grande distanza dai sensori elettrici o magnetici, come per esempio nel caso di sorgenti poste nei solchi, rispetto all'influenza dei dipoli disposti relativamente più vicino ai sensori, che mimano l'attività di tessuti neurali posti sui giri corticali. Questo decremento dell'intensità del potenziale generato sui sensori con la distanza tende ad incrementare l'attività corticale ricostruita sui giri a scapito di quella possibilmente ricostruita nei solchi. La soluzione a questa polarizzazione nella stima dell'attività corticale è stata offerta dalla possibilità di pesare, in maniera inversamente proporzionale alla distanza del dipolo dai sensori, il contributo del dipolo stesso nella soluzione del problema lineare inverso. Più in particolare, questa tecnica, detta normalizzazione della norma colonne, è stata impiegata nella stima lineare inversa per produrre un fattore di compensazione che possa equalizzare la "visibilità" del dipolo dai sensori elettrici e magnetici. Con la normalizzazione della norma colonne, la metrica nello spazio delle sorgenti è data dalla formulazione seguente:

$$(\mathbf{N}^{-1})_{ii} = \left\| \mathbf{A}_{.i} \right\|^{-2} \tag{8}$$

in cui $(\mathbf{N}^{-1})_{ii}$ è l'i-esimo elemento della diagonale della matrice $\mathbf{N}$ (supposta diagonale, e quindi con i versori dello spazio delle sorgenti perpendicolari fra loro) e $\left\|\mathbf{A}_{.i}\right\|$ è la norma nella metrica L2 (euclidea) della i-esima colonna della matrice lead field $\mathbf{A}$. Va ricordato che la generica i-esima colonna della matrice di lead field è pari alla distribuzione di potenziale sui sensori generate dal dipolo i-esimo, con un valore del momento unitario. Con la norma colonne, i dipoli che sono vicini ai sensori, e quindi con un largo valore di $\left\|\mathbf{A}_{.i}\right\|$, saranno scarsamente presenti nella soluzione del problema lineare inverso, dal momento che la loro presenza non è conveniente dal punto di vista del costo del funzionale da minimizzare. Se la matrice dello spazio delle sorgenti viene definita diagonale, con gli elementi della diagonale pari all'espressione sopra riportata, la stima corticale ottenuta è conosciuta come stima pesata di norma minima (weigthed minimum norm solution) (Grave de Peralta et al, 1997; Dale e Sereno, 1993).

## 11.4  La stima della connettività corticale da dati EEG

Un problema oggi fondamentale nello studio dell'attività del cervello umano è quello di inferire dalle misure di attività cerebrale i pattern di connettività funzionale corticale, cioè le relazioni funzionali che legano l'attività di distretti differenti della corteccia cerebrale durante un particolare compito sperimentale. Questo problema può essere affrontato studiando il flusso di informazioni fra le diverse aree cerebrali mediante una particolare classe di tecniche di analisi dei segnali emodinamici o elettromagnetici (Lee L. et al., 2003; Horwitz, 2003; Buchel e Frison, 1997; Gevins et al., 1989; Urbano et al., 1998). In particolare, la connettività funzionale è stata definita come una misura di correlazione temporale fra due eventi cerebrali spazialmente distinti. La stima di tale connettività tipicamente coinvolge l'impiego di qualche proprietà relativa alla covarianza dei segnali cerebrali stimati nei due differenti siti corticali (Bollen, 1989; McIntosh e Gonzalez-Lima, 1994). Risulta quindi evidente che la risoluzione temporale dei dati EEG e MEG è preziosa per la stima di tali connettività funzionale, e questo spiega l'attenzione che oggi nelle neuroscienze viene data a queste metodiche, fino a una decina di anni fa piuttosto sottostimate. Ad oggi la stima della connettività corticale dai segnali EEG o MEG per la stima del flusso di informazioni a partire da dati registrati sullo scalpo del soggetto sperimentale è stata eseguita mediante l'impiego di tecniche sia lineari che non lineari nel dominio del tempo (Nunez, 1995; Babiloni et al, 2000; 2001; 2004). D'altra parte, in questi ultimi dieci anni è emerso in maniera chiara come spesso la codifica delle informazioni nell'EEG siano contenute nel dominio della frequenza piuttosto che in quello temporale (per una revisione della letteratura vedere Pfurtscheller e Lopes da Silva (1999). Quindi sono state anche largamente impiegate tecniche di coerenza spettrale per la stima della connettività cerebrale a partire da misure EEG/MEG. Va comunque osservato che la coerenza spettrale (Bressler, 1995; Gross et al., 2001, 2003) per sua natura non dischiude la direzionalità del flusso di informazioni stimato fra diversi siti corticali ma semplicemente rappresenta l'esistenza o meno in una certa banda di frequenza di un sincronismo nelle oscillazioni dell'EEG. Esistono tuttavia altre tecniche di stima di connettività funzionali nel dominio della frequenza che invece presentano tali proprietà direzionali, cioè restituiscono l'informazione del flusso di informazioni da un particolare distretto corticale verso un altro in una particolare banda di frequenza. Tali tecniche sono basate sulla modellizzazione del segnale EEG mediante un modello autoregressivo multivariato (MVAR), e prendono il nome di Directed Transfer Function (DTF) e di Partial Directed Coherence (PDC) (Kaminski e Blinoswka., 1991; Kaminski et al., 2001). Questi stimatori sono entrambi basati sulla nozione di causalità di due serie temporali, dovuta a Granger (Granger, 1969). In questa definizione una serie temporale x(n) si dice causare un'altra serie temporale y(n) se la conoscenza dei valori passati di x(n) migliora significativamente la predizione dell'andamento di y(n). Una proprietà interessante di questa classe di stimatori di causalità è che sono non simmetrici, ciò vuol dire che se date due serie x(n) e y(n) viene osservato che x(n) "causa" y(n) non necessariamente questo implica il contrario (cioè che y(n) "causa" x(n)), cosa che invece sarebbe automatica nel caso della stima della coerenza spettrale, per esempio.

In questo studio allora viene presentata l'applicazione delle tecniche di stima della connettività corticale mediante l'impiego di EEG ad alta risoluzione spaziale, modelli realistici di testa e l'impiego della Directed Transfer Function per la stima dei flussi di informazioni fra diversi distretti della corteccia cerebrale. Va sottolineato come l'impiego di registrazioni EEG ad alta risoluzione spaziale significhi il prelievo del segnale elettrico mediante una rete di un centinaio di sensori disposti regolarmente sullo scalpo del soggetto sperimentale. Inoltre, le informazioni geometriche della testa dello stesso soggetto, ottenute mediante immagini di risonanza magnetica anatomica, vengono impiegate per la generazione di un modello matematico accurato della propagazione elettromagnetica del segnale dalla corteccia cerebrale ai sensori. In tal maniera è possibile stimare con accuratezza l'andamento del segnale corticale a partire da misure EEG sullo scalpo.

## 11.5 Directed Transfer Function

La stima della Directed Transfer Function è stata condotta sul set di segnali corticali stimati dai dati ad alta risoluzione EEG registrati, come descritto nel paragrafo precedente. Si indichi tali forme d'onda corticali con la notazione z1(t), z2(t); con la notazione z2(t) si intende descrivere la forma d'onda proveniente dalla ROI numero 2. In maniera generale abbiamo

$$\mathbf{z}(t) = [z_1(t), z_2(t), \ldots, z_N(t)]^T \tag{9}$$

dove N rappresenta il numero di macroregioni corticali (Region of Interest, ROI) in cui la superfice della corteccia cerebrale è stata divisa per questo studio, e zi(t) rappresenta la forma d'onda d'attività corticale ottenuta dal processo di stima lineare inversa per la i-esima regione corticale. Il processo MVAR è allora una descrizione del set di dati corticale $\mathbf{z}(t)$ come descritto nella formula successive:

$$\sum_{k=0}^{q} \Lambda(k)\mathbf{z}(t-k) = \mathbf{e}(t), \quad \text{con } \Lambda(0) = \mathbf{I} \tag{10}$$

dove $\mathbf{e}(t)$ è un vettore multivariato a media nulla, di rumore bianco non correlato, $\Lambda(1), \Lambda(2), \ldots \Lambda(q)$ sono le NxN matrici dei coefficienti del modello e $q$ è l'ordine del modello autoregressivo scelto mediante il criterio di Akaike. Nel dominio della frequenza può allora essere scritto:

$$\Lambda(f)\, \mathbf{Z}(f) = \mathbf{E}(f) \tag{11}$$

dove:

$$\Lambda(f) = \sum_{k=0}^{q} \Lambda(k)e^{-j2\pi f\Delta t k} \tag{12}$$

e $\Delta t$ è l'intervallo temporale fra due campioni del segnale EEG registrato. La Eq. 11.12 può allora scriversi come:

$$\mathbf{Z}(f) = \Lambda^{-1}(f)\, \mathbf{E}(f) = \mathbf{H}(f)\, \mathbf{E}(f) \tag{13}$$

**H**(f) è la matrice di trasferimento del sistema, il cui elemento $H_{ij}$ rappresenta la connessione causale fra il j-esimo ingresso e l'i-esima uscita del sistema. Con queste definizioni, l'influenza causale della forma d'onda corticale stimata nella j-esima ROI su quella i-esima ROI è (Directed Transfer Function $\theta^2_{ij}(f)$ ) definita come:

$$\theta^2_{ij}(f) = \left| H_{ij}(f) \right|^2 \tag{14}$$

Per comparare i risultati ottenuti per le forme d'onda corticali con differenti spettri, è stata adottata una normalizzazione in accordo con la seguente formula (DTF normalizzata):

$$\gamma^2_{ij}(f) = \frac{\left| H_{ij}(f) \right|^2}{\sum_{m=1}^{N} \left| H_{im}(f) \right|^2} \tag{15}$$

I valori $\gamma_{ij}(f)$ esprimono quindi il rapporto dell'influenza delle forma d'onda corticale stimata nella i-esima ROI sulla forma d'onda corticale stimata sulla i-esima ROI, rispetto all'influenza di tutte le altre forme d'onda corticali stimate. La condizione di normalizzazione della DTF applicata è allora descritta nella seguente formula:

$$\sum_{n=1}^{N} \gamma^2_{in}(f) = 1 \tag{16}$$

## 11.6  Applicazione ai dati EEG ad alta risoluzione

La Figura 11.2 mostra il pattern di connettività corticale ottenuto per un semplice compito motorio per il periodo temporale precedente il movimento delle dita di una mano (Pre) e successivamente all'esecuzione del movimento delle dita stesse (Post) in tre soggetti sperimentali. Qui, vengono presentati i risultati di connettività per la banda alfa (8-12 Hz) data la responsività dei dati a tale frequenza per il compito scelto. Il pattern di connettività corticale è stato ottenuto computando la DTF fra le forme d'onda di attività corticale stimate per ogni ROI. Tale pattern è stato visualizzato tramite frecce che partono da una particolare area corticale e si dirigono verso la regione di interesse target. Il colore delle frecce e la loro larghezza codificano la forza della connessione, nel senso che tanto più larghe sono le frecce tanto più la connessione fra le due aree corticali rappresentata dalla freccia è ampia. Le etichette mostrano la denominazione delle aree di interesse che sono state analizzate con questa tecnica. Solo le connettività corticali statisticamente significative con p < 0.01 sono state rappresentate. Può essere notato che il pattern di connettività coinvolge le aree sensorimotorie e parietali, essendo queste ultime connesse funzionalmente con le aree premotorie.

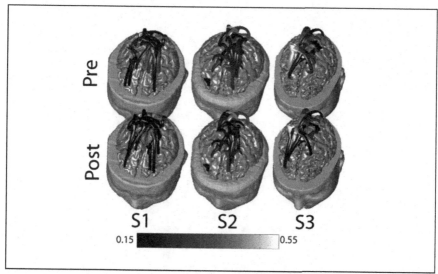

**Fig. 11.2** Pattern di connettività corticale ottenuti per la banda alfa (8-12 Hz) nei tre soggetti sperimentali (S1, S2, S3) durante un semplice compito motorio. La prima riga (Pre) è relativa alla connettività stimata prima dell'onset del movimento sequenziale delle dita. La seconda riga è relativa al periodo di tempo successivo al movimento delle dita (Post). Le connessioni funzionali sono rappresentate da una freccia, che connette una area corticale ad un'altra. I livelli di grigio della freccia e il suo spessore codificano l'intensità della connessione fra le aree. Solo le connessioni funzionali significative con p < 0.01 sono rappresentate nella figura. Figura modificata, con permesso, da L. Astolfi, F. Cincotti, D. Mattia et al. (2005): Assessing cortical functional connectivity by linear inverse estimation and directed transfer function: simulations and application to real data. Clinical Neurophysiology 116:920-932. Elsevier Science, Shannon

# Capitolo 12

# Questionario impiegato

In tale appendice è presentato il questionario impiegato nella ricerca di cui si è parlato nel capitolo 7 per la ricerca sulla memorizzazione dei questionari pubblicitari.

## QUESTIONARIO

INTERVISTATO IL SIGNOR ...............................................................................

DATA ................................................................................................................

**Domanda 1**
Lei, negli ultimi 5 giorni ha visto 5 documentari. Ma prima, durante e dopo i documentari era inserita della pubblicità. Lei si ricorda per caso qualche pubblicità e se si di quale ente o marca?

- Se sì procedere con Dom.2
- Se no passare Dom.3

**Domanda 2** (Ricordo attinente)
Ente/Marca ....................................................................................................
Che cosa si diceva? ........................................................................................
Che cosa si vedeva? ........................................................................................

Ente/Marca ....................................................................................................
Che cosa si diceva? ........................................................................................
Che cosa si vedeva? ........................................................................................

Ente/Marca ....................................................................................................
Che cosa si diceva? ........................................................................................
Che cosa si vedeva? ........................................................................................

F. Babiloni, V.M. Meroni, R. Soranzo, *Neuroeconomia, Neuromarketing e Processi decisionali*
© Springer, Milano, 2007

Ente/Marca ......................................................................................................

Che cosa si diceva? ........................................................................................

Che cosa si vedeva? .......................................................................................

Ente/Marca ......................................................................................................

Che cosa si diceva? ........................................................................................

Che cosa si vedeva? .......................................................................................

Ente/Marca ......................................................................................................

Che cosa si diceva? ........................................................................................

Che cosa si vedeva? .......................................................................................

Ente/Marca ......................................................................................................

Che cosa si diceva? ........................................................................................

Che cosa si vedeva? .......................................................................................

Ente/Marca ......................................................................................................

Che cosa si diceva? ........................................................................................

Che cosa si vedeva? .......................................................................................

Ente/Marca ......................................................................................................

Che cosa si diceva? ........................................................................................

Che cosa si vedeva? .......................................................................................

## Domanda 3

Non si ricorda per caso di aver visto la pubblicità di …

(Non citare le marche ricordate nella Dom.1\ - Ruotare l'ordine ad ogni intervista)

| | | |
|---|---|---|
| 01 - Auto Honda | SÌ ☐ | NO ☐ |
| 02 - Unicef | SÌ ☐ | NO ☐ |
| 03 - Coca-Cola | SÌ ☐ | NO ☐ |
| 04 - Human Rights | SÌ ☐ | NO ☐ |
| 05 - Lettore Ipod | SÌ ☐ | NO ☐ |
| 06 - Fao | SÌ ☐ | NO ☐ |
| 07 - Telefonino Nokia | SÌ ☐ | NO ☐ |
| 08 - Green Peace | SÌ ☐ | NO ☐ |
| 09 - Yogurt Activia | SÌ ☐ | NO ☐ |
| 10 - Medici senza frontiere | SÌ ☐ | NO ☐ |
| 11 - Club Med | SÌ ☐ | NO ☐ |
| 12 - World society protect animals | SÌ ☐ | NO ☐ |
| 13 - Gelato Nestlè | SÌ ☐ | NO ☐ |
| 14 - Brain injury association | SÌ ☐ | NO ☐ |
| 15 - Notebook Sony | SÌ ☐ | NO ☐ |
| 16 - Red Cross | SÌ ☐ | NO ☐ |
| 17 - Auto Nissan | SÌ ☐ | NO ☐ |
| 18 - Amnesty International | SÌ ☐ | NO ☐ |

**Domanda 4** (Riconoscimento)
Ora le mostrerò delle immagini. Mi deve dire se queste sono state ricavate dalle pubblicità che è stata trasmessa coi documentari oppure no (Fare osservare ogni immagine per 5-10 secondi)
(Ruotare l'ordine delle immagini)

| | | |
|---|---|---|
| Immagine 01 | SÌ ☐ | NO ☐ |
| Immagine 02 | SÌ ☐ | NO ☐ |
| Immagine 03 | SÌ ☐ | NO ☐ |
| Immagine 04 | SÌ ☐ | NO ☐ |
| Immagine 05 | SÌ ☐ | NO ☐ |
| Immagine 06 | SÌ ☐ | NO ☐ |
| Immagine 07 | SÌ ☐ | NO ☐ |
| Immagine 08 | SÌ ☐ | NO ☐ |
| Immagine 09 | SÌ ☐ | NO ☐ |
| Immagine 10 | SÌ ☐ | NO ☐ |
| Immagine 11 | SÌ ☐ | NO ☐ |
| Immagine 12 | SÌ ☐ | NO ☐ |
| Immagine 13 | SÌ ☐ | NO ☐ |
| Immagine 14 | SÌ ☐ | NO ☐ |
| Immagine 15 | SÌ ☐ | NO ☐ |
| Immagine 16 | SÌ ☐ | NO ☐ |
| Immagine 17 | SÌ ☐ | NO ☐ |
| Immagine 18 | SÌ ☐ | NO ☐ |
| Immagine 19 | SÌ ☐ | NO ☐ |
| Immagine 20 | SÌ ☐ | NO ☐ |
| Immagine 21 | SÌ ☐ | NO ☐ |
| Immagine 22 | SÌ ☐ | NO ☐ |
| Immagine 23 | SÌ ☐ | NO ☐ |
| Immagine 24 | SÌ ☐ | NO ☐ |
| Immagine 25 | SÌ ☐ | NO ☐ |
| Immagine 26 | SÌ ☐ | NO ☐ |
| Immagine 27 | SÌ ☐ | NO ☐ |
| Immagine 28 | SÌ ☐ | NO ☐ |
| Immagine 29 | SÌ ☐ | NO ☐ |
| Immagine 30 | SÌ ☐ | NO ☐ |
| Immagine 31 | SÌ ☐ | NO ☐ |
| Immagine 32 | SÌ ☐ | NO ☐ |
| Immagine 33 | SÌ ☐ | NO ☐ |
| Immagine 34 | SÌ ☐ | NO ☐ |
| Immagine 35 | SÌ ☐ | NO ☐ |
| Immagine 36 | SÌ ☐ | NO ☐ |

# Bibliografia

Alwitt L (1989) EEC Activity Reflects the Content of Commercials. In: Psychological Measures of Advertising Effects: Theory. Erlbaum Assoc., Hillsdale, NJ

Ambler T, Burne T (1999) The Impact of Affect on Memory of Advertising. J Advert Res 2:25-34

Arana JA, Parkinson E, Hinton AJ et al (2003) Dissociable contributions of the human amygdala and orbitofrontal cortex to incentive motivation and goal selection. J Neurosci 23:9632-9638

Astolfi L, Cincotti F, Mattia D et al (2004) Estimation of the effective and functional human cortical connectivity with Structural Equation Modeling and Directed Transfer Function applied on high resolution EEG. Magn Reson Imaging 22:1457-1470

Ataman MB, van Heerde HJ, Mela CF (2006) The long-term effect of marketing strategy on brand performance. The Zyman Institute of Brand Science Technical Report 1-52

Babiloni F, Babiloni C, Fattorini L et al (1995) Performances of surface Laplacian estimators: a study on simulated and real scalp poyential distributions. Brain Topography 8:35-45

Babiloni F, Babiloni C, Carducci F et al (1996) Spline Laplacian estimate of EEG potentials over a realistic magnetic resonance-constructed, scalp surface model. Electroenceph Clin Neurophysiol 98:363-373

Babiloni F, Babiloni C, Anello C et al (1997) High resolution EEG: new model-dependent spatial deblurring method using a realistically shaped MR constructed subject's head model. Electroenceph Clin Neurophysiol 102:69-80

Babiloni F, Babiloni C, Locche L et al (2000) High-resolution electro-encephalogram: source estimates of Laplacian-transformed somatosensory-evoked potentials using a realistic subject head model constructed from magnetic resonance images. Med Biol Eng Comput 38:512-519

Babiloni F, Carducci F, Cincotti F et al (2001) Linear inverse source estimate of combined EEG and MEG data related to voluntary movements. Human Brain Mapping 14:197-209

Babiloni F, Babiloni C, Carducci F et al (2003) Multimodal integration of high-resolution EEG and functional magnetic resonance imaging data: a simulation study. Neuroimage 19:1-15

Babiloni C, Babiloni F, Carducci F et al (2004) Human alfa rhythms during visual delayed choice reaction time tasks. A MEG study. Human Brain Mapping 24:184-192

Babiloni F, Cincotti F, Babiloni C et al (2005) Estimation of the cortical functional connectivity with the multimodal integration of high resolution EEG and fMRI data by Directed Transfer Function. Neuroimage 24:118-131

Bettman MF, Luce JW, Payne JW (1998) Constructive consumer choice processes. J Consumer Res 25:187-217

Bollen KA (1989) Structural Equations with latent variables. Wiley and sons, New York

Braeutigam S, Stins JF, Rose SPR et al (2001) Magnetoencephalographic signals identify stages in real-life decision processes. Neural Plast 8:241-253

Braeutigam S, Rose SPR, Swithenby SJ et al (2004) The distributed neuronal systems supporting choice-making in real-life situations: differences between men and women when choosing groceries detected using magnetoencephalography. Eur J Neurosci 20:293-302

F. Babiloni, V.M. Meroni, R. Soranzo, *Neuroeconomia, Neuromarketing e Processi decisionali*
© Springer, Milano, 2007

Breiter HC, Aharon I, Kahneman D et al (2001) Functional imaging of neural responses to expectancy and experience of monetary and losses. Neuron 30:619-639

Bressler SL (1995) Large-scale cortical networks and cognition. Brain Res Rev 20:288-304

Broadbent S (1998) La pubblicità come investimento. McGraw Hill

Buchel C, Friston KJ (1997) Modulation of connectivity in visual pathways by attention: cortical interactions evaluated with structural equation modelling and fMRI. Cereb Cortex 7:768-778

Buck R (1999) The biological affects: A typology. Psycholog Rev 106:301-336

Buckner RL, Kelley WM, Petersen SE (1999) Frontal Cortex Contributes to Human Memory Formation. Nat Neurosci 4:311-314

Cabanac M (1979) Sensory pleasure. Quarterly Rev Biol 54:1-29

Camerer CF (2003) Behavioral game theory: Experiments on strategic interaction. Princeton University Press, Princeton

Cools R, Clark L, Owen AM et al (2002) J Neurosci 22:4563-4567

Dale AM, Sereno M (1993) Improved localization of cortical activity by combining EEG anf MEG with MRI cortical surface reconstruction: a linear approach. J Cogn Neurosci 5:162-176

Dalli D, Romani S (2000) Il comportamento del consumatore. Teoria e applicazione di marketing. Franco Angeli, Milano

Damasio AR (1998) Emotion in the perspective of an integrated nervous system. Brain Res Rev 26:83-86

Darwin C (1872) The expression of the emotions in man and animals. Univ Chicago Press, Chicago

Dolan R, Frackowiak R, Frith C (1996) "Theory of mind" in the brain. Evidence from a PET scan study of Asperger syndrome. NeuroReport 1:197-201

Eysenk MW, Keane MT (2000) Cognitive psychology. Psychology Press, Hove

Erk M, Spitzer AP, Wunderlich L et al (2002) Cultural objects modulate reward circuitry. Neuroreport 13:2499-2503

Fabris GP (1968) Il comportamento del consumatore. Franco Angeli, Milano

Farah M (2002) Emerging ethical issues in neuroscience. Nat Neurosci 5:1123-1229

Farah M (2005) Neuroethics: the practical and the philosophical. Trends Cogn Sci 9:34-40

Fried JZ (1998) Technical comment: the hippocampus and human navigation. Science 282:2151

Friston KJ (1994) Functional and effective connectivity in neuroimaging: a synthesis. Hum Brain Mapp 2:56-78

Fletcher PC, Happè F, Frith U et al (1995) Other minds in the brain: A functional imagining study of "theory of mind" in story comprehension. Cognition 57:109-128

Gerloff C, Richard J, Hadley J et al (1998) Functional coupling and regional activation of human cortical motor areas during simple, internally paced and externally paced finger movements. Brain 121:1513-1531

Gevins AS, Cutillo BA, Bressler SL et al (1989) Event-related covariances during a bimanual visuomotor task II. Preparation and feedback. Electroencephalogr Clin Neurophysiol 74:147-160

Gilbert DT, Gill M (2000) The momentary realist. Psycholog Sci 11:394-398

Glimcher P (2002) Decisions, Uncertainty and the Brain: The Science of Neuroeconomics. MIT Press, Cambridge

Gobet F, Simon H (1996) Recall of random and distorted chess positions: Implications for the theory of expertise. Mem Cogn 4:493-503

Granger CWJ (1969) Investigating causal relations by econometric models and cross-spectral methods. Econometrica 37:424-428

Grave de Peralta Menendez R, Gonzalez Andino SL (1999) Distributed source models: standard solutions and new developments. In: Uhl C (ed) Analysis of neurophysiological brain functioning. Springer Verlag, pp 176-201

Grave de Peralta Menendez R, Hauk O, Gonzalez Andino SL et al (1997) Linear inverse solution with optimal resolution kernels applied to the electromagnetic tomography. Hum Brain Mapp 5:454-467

Gross J, Kujala J, Hamalainen M et al (2001) Dynamic imaging of coherent sources: Studying neural interactions in the human brain. Proc Natl Acad Sci USA 98:694-699

Gross J, Timmermann L, Kujala J et al (2003) Properties of MEG tomographic maps obtained with spatial filtering. Neuroimage 19:1329-1336

Hämäläinen M, Ilmoniemi R (1984) Interpreting measured magnetic field of the brain: Estimates of the current distributions. Technical report TKK-F-A559. University of Technology, Helsinki

Happe F, Ehlers S,Fletcher P et al (1996) "Theory of mind" in the brain. Evidence from a PET scan study of Asperger syndrome. Meuro Report 8:197-201

Hastie R (1984) Causes and effects of causal attributions. J Personal Soc Psychol 46:44-56

Hebb D (1949) The organization of behavior: A neuropsychological theory. Wiley, New York

Horwitz B (2003) The elusive concept of brain connectivity. Neuroimage 19:466-470

Ioannides L, Dammers T, Burne T et al (2000) Real time processing of affective and cognitive stimuli in the human brain extracted from MEG signals. Brain Top 13:11-19

Jones JP (2002) The Ultimate Secrets of Advertising. Sage Publications

Kaminski MJ, Blinowska KJ (1991) A new method of the description of the information flow in the brain structures. Biol Cybern 65:203-210

Kaminski M, Ding M, Truccolo WA et al (2001) Evaluating causal relations in neural systems: granger causality, directed transfer function and statistical assessment of significance. Biol Cybern 85:145-157

Kennedy P (2003) A Guide to Econometrics, 5th ed. MIT press

Kimura D (1996) Sex, sexual orientation and sex hormones influence human cognitive function. Curr Opin Neurobiol 6:259-263

Knutson B, Fong GW, Bennett SM et al (2003) A region of mesial prefrontal cortex tracks monetarily rewarding outcomes: characterization with rapid event-related MRI. Neuroimage 18:263-272

Knutson B, Rick S, Wimmer GE et al (2007) Neural Predictors of Purchases. Neuron 53:147-156

Kringelbach ML, O'Doherty J, Rolls ET, Andrews C (2003) Activation of the human orbitofrontal cortex to a liquid food stimulus is correlated with its subjective pleasantness. Cereb Cortex 3:1064-1071

Kringelbach ML (2004) Food for thought: hedonic experience beyond homeostatis in the human brain. Neuroscience 126:807-819

Kroeber-Riel W (1993) Bildkommunication. Vahlen, Munich

Krugman HE (1971) Brain wave measures of media involvement. J Advert Res 11:3-10

Lee L, Harrison LM, Mechelli A (2003) A report of the functional connectivity workshop, Dusseldorf 2002. Neuroimage 19:457-465

Lieberman MD, Gaunt R, Gilbert DT et al (2002) Reflection and reflexion: A social cognitive neuroscience approach to attributional inference. In: Advances in Experimental Social Psychology, Zanna M (ed) Academic Press, New York, pp 199-249

Lodish LM, Mela CF (2007) Of brands are built over years. Why are they managed over anarkrs? Harvard Business Review, July

Moscovitz M, Houle S (1994) Hemispheric Encoding/Retrieval Asymmetry in Episodic Memory: Positron Emission Tomography Findings. Proceed National Ac Sci USA 91:2016-2020

Manuck SB, Flory J, Muldoon M et al (2003) Is there a neurobiology of intertemporal choice. In: Time and decision: Economic and psychological perspectives on intertemporal choice, Loewenstein GF, Read D, Baumeister R (eds) Russell Sage, New York

McClure SM, di J, Tomlin D et al (2004) Neural correlates of behavorial preference for culturally familias drinks. Neuron 44:379-387

McIntosh AR, Gonzalez-Lima F (1994) Structural equation modelling and its application to network analysis in functional brain imaging. Hum Brain Mapp 2:2-22

Mogenson GJ, Jones DL, Yim CY (1980) From motivation to action: functional interface between the limbic system and the motor system. Prog Neurobiol 14:69-97

Montgomery EA, Peck GG (2001) Introduction to Linear Regression Analysis, 3rd ed. John Wiley & Sons

Nelson KE (1971) Memory Development in Children: Evidence from Nonverbal Tasks. Psychonomic Sci 6:346-348

Nunez PL (1995) Neocortical dynamics and human EEG rhythms. Oxford University Press, New York

O'Doherty JP, Deichmann R, Critchley HD et al (2002) Predictive neural loding of reward preference involves dissociable responses in human ventral miclerain and ventral striatum. Neuron 33:815-826

Olson J, Ray W (1989) Exploring the Usefulness of Brain Waves as measures of Advertising Response. Marketing Science Institute, Report No. 89-116, Cambridge, MA

Pascual-Marqui RD (1995) Reply to comments by Hamalainen, Ilmoniemi and Nunez. ISBET Newsletter 6:16-28

Persinger M, Healey F (2002) Experimental facilitation of the sensed presence: Possible intercalation between the hemispheres induced by complex magnetic fields. Personal Social Pychol 5:880-892

Pfurtscheller G, Lopes da Silva FH (1999) Event-related EEG/MEG synchronization and desynchronization: basic principles. Clin Neurophysiol 110:1842-1857

Raudenbush SW, Bryk AS (2002) Hieraschical linear models, applications and data analysis methods, 2nd editions. Sage Pubblications

Raymond JE, Shapiro KL, Arnell KM (1992) Temporary suppression of visual processing in an RSVP task: An attentional blink? J Exp Psychol Hum Percept Perform 18: 849-860

Roskies A (2002) Neuroethics for the new millennium. Neuron 35:21-23

Ross L, Lepper MR, Hubbard M (1975) Perseverance in self-perception and social perception: based attributional processes in the debriefing paradigma. J Pers Soc Psychol 32:880-892

Rossiter JR, Percy L (1983) Visual Communication in Advertising. In: Information Processing Research in Advertising, Harris RJ (ed) Lawrence Erlbaum Associates, Hillsdale, NJ

Rossiter JR, Silberstein RB, Harris PG et al (2001) Brain imaging detection of visual scene encoding in long-term memory for TV commercials. J Advert Res 41:13-21

Rotschild M, Hyun J (1989) Predicting Memory for Components of TV Commercials from EEC. J Consum Res pp 472-478

Rumelhart DE, McClelland JL (1986) Parallel distributed processing: Explorations in the microsctructure of cognition. Volume 1, MIT Press

Salmelin R, Forss N, Knuutila J et al (1995) Bilateral activation of the human somatomotor cortex by distal hand movements. Electroenceph Clin Neurophysiol 95:444-452

Salvatore D, Reagle D (2001) Statistics and Econometrics, 2nd ed. McGraw Hill

Sanfey AG, Loewenstein G, McClure SM et al (2006) Neuroeconomics: cross-currents in research on decision-making. Trends Cogn Sci 10:108-116

Sanfey AG, Rilling JK, Aronson JA et al (2003) The neural basis of economic decision-making in the ultimatum Gan. Science 300:1755-1758

Scherg M, Bast T, Berg P (1999) Multiple source analysis of interictal spikes: goals, requirements, and clinical value. J Clin Neurophysiol 16:214-224

Schneider W, Shiffrin RM (1977) Controlled and automatic human information processing: I. Detection, search and attention. Psycholog Rev 1:1-66

Silberstein RB (1995) Steady State Visually Evoked Potentials, Brain Resonances and Cognitive Processes. In: Neocortical Dynamics and Human EEG Rhythms, Nunez PL (ed) Oxford University Press, New York

Singer W (1993) Synchronisation of cortical activity and its putative role in information processing and learning. Ann Rev Physiol 55:349-374

Slovic P (1995) The construction of preference. Am Psychol 50:364-371

Taylor SF, Liberzon L, Fig LM et al (1998) The Effect of Emotional Content on Visual Recognition Memory: A PET Study. Neuroimage 4:188-197

Thut G, Schultz W, Roelcke U et al (1997) Activation of the human brain by monetary reward. Neuroreport 8:1225-1228

Tichonov AN, Arsenin VY (1977) Solutions of ill-posed problems. Winston, Washington D.C.

Ullsperger M, von Cramon DY (2004) Decision making, performance and outcome monitoring in frontal cortical areas. Nature Neurosci 7:1173-1174

Urbano A, Babiloni C, Onorati P et al (1998) Dynamic functional coupling of high resolution EEG potentials related to unilateral internally triggered one-digit movements. Electroencephalogr Clin Neurophysiol 106:477-487

Viner J (1925) The utility concept in value theory and its critics. J Polit Econ 33:369-387

Ward R, Duncan J, Shapiro K (1996) The slow time-course of visual attention. Cogn Psychol 30:79-109

Wooldridge J (2002) Introductory Econometrics: A Modern Approach, 3th ed. South-Western College Pub

Young C (2002) Brain waves, picture sorts, and branding moments. J Advert Res 42:42-53

Zajonc R (1998) Emotions. In: The Handbook of Social Psychology, Gilbert D, Fiske S, Lindzey G (eds) Oxford University Press, New York, pp 591-632

# Indice analitico

Finito di stampare nel mese di agosto 2007